ブルーバックス　事典・辞典・図鑑関係書

325	現代数学小事典	寺阪英孝＝編
569	毒物雑学事典	大木幸介
1084	図解　わかる電子回路	加藤　肇／見城尚志／高橋　久
1150	音のなんでも小事典	日本音響学会＝編
1188	金属なんでも小事典	増本　健＝監修　ウォーク＝編著
1439	味のなんでも小事典	日本味と匂学会＝編
1484	単位171の新知識	星田直彦
1614	料理のなんでも小事典	日本調理科学会＝編
1624	コンクリートなんでも小事典	土木学会関西支部＝編　井上　晋　他
1642	新・物理学事典	大槻義彦／大場一郎＝編
1653	理系のための英語「キー構文」46	原田豊太郎
1660	図解　電車のメカニズム	宮本昌幸＝編著
1676	図解　橋の科学	土木学会関西支部＝編　田中輝彦／渡邊英一　他
1761	声のなんでも小事典	和田美代子　米山文明＝監修
1762	完全図解　宇宙手帳	渡辺勝巳／JAXA（宇宙航空研究開発機構）＝協力
2028	元素118の新知識	桜井　弘＝編
2161	なっとくする数学記号	黒木哲徳
2178	数式図鑑	横山明日希

息子の生きた証しを求めて

護衛艦「たちかぜ」裁判の記録

「たちかぜ」裁判を支える会――編

社会評論社

はじめに

長年育てた子供が、突然自ら命を絶った時、家族は深い悲しみの淵に突き落とされます。「たちかぜ」事件の場合、ご両親とお姉さんが遺されました。「どうしてこんなことに」と疑問を持ち、遺書を手掛かりに海上自衛隊に真相究明を求めました。息子は何に悩み死を選んだのか、「たちかぜ」の中でどんな仕打ちを受けたのか。加害者は誰と誰なのか、上官はいったい何をしていたのか。しかし、納得のいく説明は返ってきませんでした。

二〇〇五年四月、ご両親は、防衛庁に情報公開を請求。しかし、公開された資料はごくわずかでした。

二〇〇六年四月、ご両親は横浜地裁に提訴。弁護団は五月の第一回口頭弁論に先立ち、文書提出命令を裁判所に申し立てました。この時、私たちの手元にはごくわずかな資料しかありませんでした。

私たちは裁判の報告会で、いつも発言の最後に泣き出してしまうお父さんのことが、忘れられません。二〇〇九年、お父さんは横浜地裁の判決を聞かぬまま、肝臓の病を悪化させ、亡くなりました。

防衛省・海上自衛隊の情報隠し、組織に染みついてしまった隠蔽体質。「たちかぜ」事件の調査記録は勝手な判断で「行政文書」と「個人ファイル」に仕分けされ、「個人ファイル」は非公式資料だから公開しない、という態度をとり続けたのです。これを公開させるのは大変なことでした。控訴審でも海上自衛隊は「艦内生活実態アンケート」(「たちかぜ」事件に関する乗組員の申告書)は、「すでに廃棄した」と言い続けていました。勇気ある三等海佐の内部告発が、東京高裁への陳述書の提出が、事態を突き動かしました。多くのマスコミが報道してくれたことも、真相究明に大きな役割を果たしました。

二〇一四年四月二三日、Tさんの死から一〇年の歳月を経て、ようやく勝訴判決を勝ち取ることができました。東京高裁は、「当時のたちかぜの艦内は自衛艦として一般人からは想定し難いほどに規律が緩んだ状況にあったといわざるを得ず、これが後記のU分隊長らの指導監督義務違反を招く素地となっている面は否定できない」「Tは被控訴人Sから暴行及び恐喝を受ける事に非常な苦痛を感じ、それが上司職員の指導によってなくなることがなく、今後も同様の暴行及び恐喝を受け続けなければならないと考え、自衛官としての将来に希望を失い、生き続けることがつらくなり、自殺を決意し実行するに至ったものと認めるのが相当である」、さらに「横須賀地方総監部監察官が本件アンケートを保管しながら、本件開示文書の特定の手続において、これを特定せず、隠匿した行為は、違法というべきである」、と明確な判断を示しました。

小野寺防衛大臣（当時）は「判決を重く受け止める」と表明し、上告はしませんでした。東京高裁判決は確定しました。本当に長い道のりでした。

自衛官と防衛省事務官の自殺者は、いまも年間七〇〜八〇名。多くの遺族が悲しみにくれています。残念なことに、自衛隊の隠蔽体質も何も変わっていません。

この裁判記録は、一人の若者の自殺が家族に何をもたらしたのか、真相究明のためにどれほどの労力を費やさなければならなかったのか、いまも、どれだけの自衛隊員が苦しんでいるか、それを多くの人々に知ってもらうために出版しました。

息子の生きた証しを求めて——護衛艦「たちかぜ」裁判の記録＊目次

第1部●真実は最初からわかっていたのに――「たちかぜ」裁判の経過

●本書人物表（自衛隊関連）

旧海軍の階級	自衛隊の階級	役職と氏名	年齢（当時）	処分
海軍大将	海将	海上幕僚長		
海軍中将	海将	横須賀地方総監		
		護衛艦隊司令官		
海軍少将	海将補	総監部幕僚長		
		（事故調査委員会委員長）		
		護衛艦隊幕僚長		
海軍大佐	1等海佐	O艦長	46	注意
海軍中佐	2等海佐	S副長	43	訓戒
海軍少佐	3等海佐			
海軍大尉	1等海尉	U分隊長	30	戒告
	1等海尉	I砲雷長（第1分隊長）		地裁証人
海軍中尉	2等海尉	M分隊士	25	訓戒
海軍少尉	3等海尉			
（特務士官）	准海尉			
兵曹長	海曹長	C先任海曹	44	注意
上等兵曹	1等海曹	M班長	45	戒告
1等兵曹	2等海曹	加害者S	34	懲戒免職
2等兵曹	3等海曹			
水兵長	海士長	加害者B		停職5日
	海士長	同僚Jさん（被害者）	20	地裁証人
	海士長	同僚Nさん（被害者）	25	地裁証人
		同僚Kさん	20	地裁証人
上等水兵	1等海士	被害者Tさん	21	
		同僚Nさん		
1等水兵	2等海士			
2等水兵				

海上幕僚監部	情報公開室	N2等海佐		高裁証人
海上幕僚監部	法務室長	S1等海佐		
海上幕僚監部	法務室	A3等海佐		内部告発者
横須賀地方総監部	監察官	Y1等海佐		
		（首席事故調査委員）		
横須賀地方総監部	総務課法務係長	D事務官		高裁証人

第1部● 真実は最初からわかっていたのに——「たちかぜ」裁判の経過

護衛艦は生活空間としてはあまりに狭い。自衛艦旗（旭日旗）は日没時に降納される。2015 年 4 月 21 日 18 時 20 分、横須賀基地。

「たちかぜ裁判」略年表（第一審―横浜地裁）

日付	回数	裁判の経過と「支える会」の取組み
［2006年］		
4・5		横浜地裁に提訴
5・25		「たちかぜ」裁判を支える会結成集会
5・29		文書提出命令申立
5・31	第1回	原告（父母）が意見陳述。弁護団長は被告国に対し、資料を任意で出すよう求める。裁判長（三木勇次氏）は国に、きちんと訴状に答えるよう指示
7・19	第2回	裁判長の問に、国は「争点が明確になった時点で文書を出したい」。原告代理人は「四月の提訴から今日まで提出しないのはおかしい」と追及
10・11	第3回	原告は準備書面1を陳述。文書提出命令申立に対して国の意見書が出た（一週間ほど前に）
12・6	第4回	国は「安全配慮義務違反」を否定。原告は反論書を提出
［2007年］		
2・7	第5回	
4・5		地裁に、「文書提出命令を発し、「たちかぜ」事件の真相究明を求める請願」署名第一次提出三六四六筆
4・25	第6回	Sと国はそれぞれ準備書面（3、4）を陳述。署名第二次提出六四七五筆
5・8		提訴一周年集会
6・1		リーフレット「たちかぜ裁判を知っていますか」発行
6・5		署名第三次提出三四九八筆
6・13	第7回	被告は準備書面4（04／10／1以降の事実と認識）を陳述。裁判長「防衛大臣の意見書出た（5／30付）。インカメラ（文書提示命令）を含めて検討する」
7・6		署名第四次提出八九筆
7・25	第8回	裁判長「インカメラ実施のため文書提示命令を出し、文書が届いている。次回までに文書提出命令を出すかどうか決める」。署名第五次提出四七一筆

9・7		署名第六次提出一六九筆（合計一万四三四八筆）
9・12	第9回	原告は補充書面を提出。裁判長「来週中に文書提出命令を出せる」
9・21		文書提出命令出る。原告、被告とも抗告
10・24	第10回	被告S代理人は本人尋問を申請。裁判長は原告側に「次回期日は、いじめ事件の過去判例に則して理論的な準備をするように」
12・26	第11回	原告は準備書面3を陳述（被告Sと国は予見可能であった。損害賠償請求は認められるべき）

［2008年］

2・19		高裁、文書提出命令出す
3・19	第12回	被告国は準備書面5で初めて原因は借財であると主張
5・14	第13回	裁判官三名とも交代、原告、準備書面4陳述（被告国準備書面5に反論）
6・18		提訴二周年集会
7・2	第14回	被告国は準備書面6を陳述。Tさんの預金通帳記録の提出を求める。弁護団「反論になっていない、準備書面5と同じである」と批判
9・10	第15回	原告は準備書面5陳述、甲37～39号証提出、証人申請九名
11・26	第16回	被告国は準備書面7陳述、乙24号証提出、証人申請三名（初めて名前が出たI氏含む）。原告は準備書面6を陳述、甲40号証（さわぎり裁判判決）を提出

［2009年］

2・18	第17回	原告は準備書面7を陳述、甲41～45号証を提出。被告国は乙25、26号証を提出。証人九名決定。M、C（原告、被告ともに申請）、N、J、K（原告申請）、I（被告申請）、被告S、原告二名
5・27	第18回	開廷前に自衛隊の指定代理人が法廷をチェック。証人尋問C氏（先任海曹）、M氏（班長）原告代理人によるC氏への反対尋問中に別の自衛隊からの代理人「防衛機密です」
7・3		提訴三周年集会
7・8	第19回	証人尋問N氏、J氏、K氏（以上Tさんの自衛隊での友人、J氏は現職）、I氏（砲雷長）。国主任代理人はN氏への反対尋問で誘導的発言と信用性減殺の質問、J氏への反対尋問で侮辱的質問。I氏が偽証
9・9	第20回	証人尋問被告S、原告（母）。追加でO氏（艦長）を証人採用
11・25	第21回	裁判長は調査嘱託（I氏の偽証に関して）の結果報告（通話記録は残っていない）。原告代理人は小樽支部での尋問を公開で行うよう要求

［2010年］		
3・4		札幌地裁小樽支部でO氏への尋問。非公開、立会人として三名。O氏「知らなかった」「見なかった」。乙33号証（I氏のメモ）を提出
4・21	第22回	国代理人二名交代（訟務検事と自衛隊から一名）。被告国は乙34～37号証（Tさんの借財の状況他）を提出。原告は乙33号証を否認、甲64～69号証を提出
7・16		提訴四周年集会
8・4	第23回	最終弁論。被告国の最終準備書面は前日に提出。原告は甲70～72号証提出
9・29		公正な判決を求める署名第一次提出三二〇四筆
11・18		〃　第二次提出五七四三筆
12・16		〃　第三次提出二万三〇八七筆
［2011年］		
1・7		〃　第四次提出八四四八三筆
1・19		〃　第五次提出二万一九六一筆（合計六万二四七八筆）
1・26	判決	横浜地裁は予見可能性を否定。Tさんの精神的苦痛に対しては四〇〇万円の賠償を命ずる（合計は四四〇万円）
2・4		原告、東京高裁へ控訴
4・30		提訴五周年集会「控訴審勝利に向けて」、一審記録集「たちかぜ裁判の記録」発行

1―発端　命を絶った二一歳の若者

二〇〇四年一〇月二七日、二一歳の若者が京浜急行の列車に飛び込んで命を絶ちました。職業は自衛官、横須賀基地を母港としている護衛艦「たちかぜ」の乗組員Tさんでした。一九八三年栃木県生まれ。中学、高校時代はバレーボール部に所属。高校卒業後、カナダに一年間留学。帰国後、自衛隊の災害救助のようすをテレビで見て、入隊を考えるようになりました。二〇〇三年八月に海上自衛隊に入隊。相模湾に面した武山駐屯地の横須賀教育隊で四ヶ月の訓練を受けました。一度だけ帰宅した時のようすをお母さんは、「入隊してからまだ僅かなのにさらに五キロ痩せて帰って来た息子の両手を見て、私は驚きました。手の平が、皮がむけて真っ赤になっていました。『二人一組で一人が足を持って進む訓練で剥けてしまった』と言っていました。可愛想で、帰るときに、家にあった傷によく効く薬をもたせました」と振り返ります。

つらい訓練に耐えて、横須賀教育隊を修了。同年一二月一八日に護衛艦「たちかぜ」に配属されました。Tさんの運命はここから急に暗転します。私的制裁の横行する「たちかぜ」での勤務は、あまりに辛いものでした。二〇〇四年の春に帰宅した時には、「自衛隊はお母さんが思っているようなところじゃないよ」と語るようになっていました。

一〇月二七日、「たちかぜ」艦内ではTさんが予定時刻を過ぎても帰艦しないため、すぐさま捜索を開始しました。その後の動きについて自衛隊は「経過概要」という克明な記録を残していました。これは一審の横浜地裁では法廷に提出されていません。原告も弁護団も、私たちもその存在すら知ることができませんでした。東京高裁で現職の三等海佐が、多くの証拠が隠されていると内部告発をしてから、ようやく法廷に提出されたものです。その「経過概要」と、お母さんの陳述に従って、その後の経過を見ていきましょう。

七時四五分に横須賀市内の下宿に捜索隊を派遣する一方、「たちかぜ」艦内では第二分隊長（三三歳）、第二分隊士（分隊付きの士官という意味、二五歳）、分隊先任海曹（四三歳）らが集まり、同僚のN士長から前日のようすを聞いていました。すでに自衛隊を辞めた隊員にも電話するなど、所在の確認に動いていました。警察からの問い合わせが海上自衛隊にいったのは一一時五五分、「たちかぜ」の幹部はただちに護衛艦隊司令部の当直幕僚と、横須賀警務隊に連絡。さらに、防衛庁（当時）の海上幕僚監部人事課にも通報、一三時五分には第二分隊士と第二二班長が大井警察署に向かいました。

第二分隊士は一四時二八分に大井警察署に到着し遺体の確認をしました。しかし、Tさんが残したノート等について、警察の担当官は「家族両親でないと見せる事ができない」と第二分隊士に断っています。大井警察署から「両親と連絡が取れこちらに来る」と知らせがあり、O艦長、航海長、先任海曹らも一五時三〇分、たちかぜを出発。

ほぼ同時刻、大井警察署からお父さんに、お父さんからお姉さんに連絡が行き、お姉さんはすぐにお母さんに電話しました。

三人は大きな衝撃を受けました。

お父さん、お母さんとお姉さん夫婦、「幼くて残しておくのは不安だから」とお孫さんも連れて五人で自宅を出発、大井警察署に着いたのは一九時五五分頃でした。「警察の方に案内されて、胸が張り裂ける思いで、遺体が安置されている場所に行きました。そこには、すでにきれいに処置され棺に納められた変わり果てた息子がいました」。Tさんの遺留品は、警察からご両親に渡されました。駅のホームに残されていたリュックの中に遺書がありました。

Tさんと同じ年ごろの自衛官。横須賀基地の一般公開で。

「たちかぜ電測員Sへ　お前だけは絶対に許さねぇからな。必ず呪い殺してヤル。悪徳商法みたいなことやって楽しいのか？　そんな汚れた金なんてただの紙クズだ。そんなの手にして笑ってるおまえは紙クズ以下だ」。

横須賀市長浦の自衛艦隊司令部前に停泊する護衛艦「たちかぜ」。1976 年就役。乗員 230 名、全長 143m、幅 14.3m、基準排水量 3850 トン。

この時点では、家族には詳しい経過はわかりませんでした。しかし、加害者がいることがこの遺書から読み取れました。

Sとは、同じ第二分隊二二班に所属する先輩隊員で当時、階級は二等海曹、Tさんは一等海士でした。海曹は中堅隊員、海士は任期制の自衛官、旧海軍の階級でいえばSは下士官、Tさんは水兵になります。この階級の差は海上自衛隊の中では絶対的なものでした。海士が海曹に逆らうことなど思いもよらないことです。お母さんは、「とても強い衝撃を受けました。この人が原因で息子は死んでしまったんだと思いました」とその日のことを振り返っています。

お母さんはメモを見て、艦長に「Sという人は自衛隊にいますか」と訊ねました。艦長は「同じ職場にいる」と答え、遺書のコピーを下さいと求めています。お父さん、お母さんは「どうか真相を究明してくださいと、祈るような気持ちで艦長にコピーをお渡ししてお願いをしました」。幹部たちはご両親を見送り、二二時三〇分に艦にもどっています。

翌日から海上自衛隊は捜査をはじめました。自

作業服姿の海士たち。黒い制服は海曹。横須賀基地の一般公開で。

衛隊には一般の警察に相当する「警務隊」という組織があります。隊員を逮捕することができ、取り調べなどの捜査もできます。しかし、現在の憲法では自衛隊独自の裁判はできないので（憲法七六条二項　特別裁判所は、これを設置することができない。行政機関は、終審として裁判を行うことができない）、捜査のあと、地方検察庁に身柄と書類を引渡すことになります。

まず、朝五時三〇分に加害者のS二等海曹を幕僚事務室に隔離するよう指示。八時五分には乗組員総員を集合させ、T君が自殺したことを知らせました。一〇時三〇分には、「たちかぜ」幹部から警務隊に、CIC（コンバット・インフォメーション・センター＝戦闘指揮所）の休暇線表、休暇簿、上陸簿のコピーが渡されています。こうした書類が捜査に必要なことは私たちにもよくわかります。このうち、上陸簿は後に、ご両親が情報公開請求で開示を請求、裁判の中でも文書提出命令申立の対象文書となりました。

「たちかぜ」には、四つの分隊がおかれていました。第一分隊は砲雷科、漢字が示す通り、大砲とミサイル、魚雷などの兵器を操作します。Tさんの所属していたのは第二分隊、船務科・航海科で、艦の運航にかかわるさまざまな業務を担当します。一四名で構成される第二二班はレーダーが集めた情報を整理するのが仕事でした。第三分隊が機関科、第四分隊が補給科・衛生科、乗組員の定員は時期によって変動があるのですが、二三〇名〜一八〇名でした。

Tさんの葬儀には同世代の同僚が何人も参列し、Tさんの家族は、はじめて息子さんの艦内での仕事、生活について聞くことができました。四九日の法要にも同僚が参加、仲の良かった三人が、のちに原告側証人として法廷で証言することになります。

一一月一日、Tさんの両親とお姉さん夫婦は、遺留品検査のため、護衛艦「たちかぜ」が停泊している横須賀市長浦港に向かいました。長浦には海上自衛隊の自衛艦隊司令部、護衛艦隊司令部など、全国の海上自衛隊を指揮し、命令を下す組織がおかれています。

「私達夫婦はこの日、娘達家族と共に、車で横須賀に向かいました。『たちかぜ』に着き懇談の後、艦内を案内され第四居住区に入り、ここで最初の遺留品の検査が行われました。いくつかのダンボール箱に衣類や作業服、生活用品が入っていました。ロッカーの中からは、職業適性自己診断テストという本が出てきました。この時、Tはやっぱり自衛隊を辞めようとしていたのでは、と思いました。そして、寝返りも大変そうな窮屈なベッドと、かなり狭い通路の反対側には、同じく三段ベットが並んでいました。閉鎖された艦の中で、唯一寝る時間さえも、恐怖に晒されていたのだと思うと、かわいそうで胸が張り裂けそうでした」とお母さんは振り返ります。

一一月五日、海上自衛隊の保井信治護衛艦隊司令官（防大一六期）は、「事実を究明し再発防止策を講ずる必要性を認め」、護衛艦隊司令部幕僚長を委員長とする「一般事故調査委員会」を設置、本格的な調査をはじめました。しかし、調査が進むにつれ、「事案の重大性にかんがみ護衛艦隊司令官は、より客観性をもたせるため、一一月三〇日、指揮系統を異にする横須賀地方総監に事故調査を依頼」、斎藤隆横須賀地方総監（防大一四期）の指揮下に横須賀地方総監部幕僚長を委員長とする「一般事故調査委員会」が新たに設置されました。「一般事故」とは、艦船事故、航空事故以外の事故を指す用語です。以後調査は「一般事故調査委員会」と警務隊の二つの系統で進

護衛艦の通路は狭い。左下のセーラー服姿は海士。一般公開で。

められていきます。

一一月八日、横須賀地方警務隊はS二曹を逮捕し、翌九日には横浜地検横須賀支部に身柄を送致しました。

一一月二九日、警務隊から、Tさんの携帯電話のデータを欲しいと要求されました。数日後、艦長からも求められたので、お父さんは双方にデータを郵送しました。警務隊は通話記録を調べ一二月二一日、お父さんに連絡してきました。Tさんに借金があり、それは遊興費に使われていたようだと説明されましたが、お母さんは納得できませんでした。加害者のSも、多額の借金を抱えていました。

一二月七日、たちかぜでは、幹部を除く乗組員一六七名に「艦内生活実態アンケート」が、翌八日には聞き取り調査が行われました。その結果、たちかぜの幹部たちは、これまで見て見ぬふりをしてきた艦内暴行と恐喝の実態をリアルに突きつけられまし

艦内での暴行に使用されたガスガン。内規に違反して複数持ち込まれていた。「支える会」では同型のものを購入し、弁護団会議で威力を検証した。

た。これまで沈黙を強いられてきた海士たちが、アンケートで申告するというやり方で、先輩隊員の暴行を告発したからです。このアンケートの内容も聞き取り調査も、横浜地裁の審理では証拠が提出されず、私たちは知ることができませんでした。東京高裁に提出された証拠からポイントだけを引用します。

電測班の二等海士は「今年九月上旬頃、マスト作業のため旗甲板（マストに掲揚する信号旗を格納してある小さな甲板のこと）に居たところ、二曹に一五メートル位離れた所から、ガスガンを一発右太ももに撃たれました。あとから見たら赤い痣が残っていました。以後、一〇月頃までに五、六回（命中弾約一〇発）理由もなく撃たれました。腹は立ちましたが、二曹が怖くて何も言えませんでした」。

I士長は、「居住区も一緒だったこともあり、エアガンのことは知っていた。T一士が対象となっていることは知っていたが、キャラ的にふざけてやられているのだろうと思っていた。何時だったかははっきり覚えていないが、作業で上着脱いだ時両腕にアザを作っていた（片腕に三つぐらい）。こんなにひどいものだと思ってはいなかったので、『誰かに言った方がいいよ』と言ったところ、『自分に返って来るから』との返事だったので、『自分たちで言おうか』と言ったところ、『ちくっただろうと言われ、結局自分に返って来るから』と、自分が耐えればいいという感じを受けた」と聞き取り調査で回答。

自らも被害者であり後に証言に立つJ士長は「時期や回数は憶えていませんが、CICでS二曹やB士長がT一士に対して、関節技や後頭部を叩くところを見たことがあります」と訴えています。やはり、後に証言にたつM班長は「今年八月頃、CICでS二曹がJ士長にガスガンを撃っているのを目撃したが、遊んでいるのだろうと思い何もいわなかった」とあまりに無責任な回答をしています。

さらに、横須賀地方総監部監察官の作成した「S二曹に対する聞き取り調査結果——最後のサバイバルゲームについて」という文書では、「最後の日付は確定できなかったが、T三曹の証言もあることから一〇月二四日で間違いないと思われる」と記されています。

そして、ある先輩隊員は聞き取り調査で「必ず元気にあいさつをしてきたが、一〇月二五日頃からあいさつをしなくなった。自殺するかもと感じていたが、何もしようがなかった」と回答しています。東京高裁判決もこう感じた隊員がいたことを指摘しています。しかし、海上自衛隊はこの隊員の「答申書」を作成していません。アンケートは確かに存在するのに、「答申書」はないのです。一審の段階では私たちはこの事実を知りませんでした。海上自衛隊に都合の悪いアンケートは無視され、隠され、それどころか一〇月二四日のサバイバルゲームもなかったことにされていったのです。

一二月中旬、警務隊から電話があり、お父さん、お母さんは一二月二一日、横須賀地方総監部を訪れます。

私と主人は、てっきり経過報告かと思い、警務隊に行きました。そこで、携帯のデータの分析表を見せ

横須賀地方総監部の建物。艦番号 181 はヘリコプター空母の「ひゅうが」。乗員 360 名、全長 197 m、幅 33 m、基準排水量 13,950 トン。

られ警務隊長から「息子さんの借金の原因は、遊興費です」と、告げられました。続けて警務隊長の口から出た言葉は、「しかし、ご両親だけは信じてあげてください」という言葉でした。主人は、ずっとこの言葉がひっかかっていた様で、何かある度に、「ご両親だけは信じて下さいってどういう意味だ、絶対おかしいだろ」と、言い続けていました。携帯の分析表を見ながら、もう捜査が終わったんだ、これが「結論」なんだと思うと悔しくて涙があふれ話す事も出来ず、ただ長い時間ずっとうつむいたまま泣いていました。ふっと顔を上げた時、そこに無表情で冷静な警務隊長の顔がありました。

二〇〇五年一月一二日、Sの刑事裁判（暴行、恐喝などの刑事責任を問う裁判）の第一回公判、遺族は横浜地裁横須賀支部の法廷で傍聴しました。「たちかぜ」艦内で、Tさんをはじめ多くの隊員が繰り返し暴行され大量のアダルトビデオや猥褻画像を記録したCD―Rを売りつけるなどの被害を受けていたことが検察官から明らかにされました。

遺書にあった「悪徳商法」とはこのことでした。「語気鋭く上記CD－Rを購入するよう申し向けて、同人をしてその要求に応じなければ同人の身体等にいかなる危害をも加えかねない気勢を示して同人を畏怖させたとの事実が、上記有罪判決において恐喝の罪となるべき事実として認定されている」と東京高裁判決は、あらためて指摘しています。

お母さんは、「信じられない思いでした。一般常識では考えられない事だと思います。そして、実際ガスガンや電動ガンを目の当たりにして、想像していた以上のその大きさにとてもショックを受けました」とその日の驚きを述べています。

一週間後の一九日に早くも判決。この裁判には、「さわぎり」裁判の原告Hさん、支援団体の今川さん、後に「たちかぜ」裁判を支える会を呼びかける地元横須賀の広沢努さんなども参加していました。

裁判を傍聴した広沢さんは一月三〇日、非核市民宣言運動ヨコスカの月例デモ（毎月最後の日曜日に行われるデモ）で、恒例の横須賀地方総監部前での「自衛官への呼びかけ」で次のように訴えました。

電動ピストルやエアーライフルが証拠として提出され、殺傷力はないもののアルミ缶を貫通するというプラスチック弾を、数十発も撃たれた隊員たち、あるいはアダルトビデオを大量に、強制的に買わされる等、金をむしり取られた隊員たち。どこの隊にもいそうな、特別怖い顔つきでもないS被告。しかし、閉ざされた艦内では、逆らうことなど考えられない恐怖の存在になっていたといいます。

そして一二日の公判で、起訴理由に入っていなかった隊員の自殺が公にされます。検事そして裁判官も、昨年一〇月二七日に自殺した隊員への責任を追及する。S被告は、暴行を加えた事実などは認めながらも、それが自殺の原因とは思えないと、かぼそい声。

一九日の判決では、起訴理由にない自殺事件には触れず、求刑通り二年六ヶ月、そして四年の執行猶予となりました。

この裁判を通じて事件の一端が明らかになりましたが、多くは未だ闇の中ではないかと思えます。一月二八日、マスコミ発表された自衛隊事故調査委員会の報告でも、新たな「いじめ」などが明らかにされながらも、隊員の自殺との関連は不明とし、今後の防止策についても具体的な言及はなく、そして調査は打ち切られた。なぜ、どうして？　そもそも自衛隊の組織としての責任は、ほとんど語られていない。このまま済ましていいはずはありません。

広沢さんが指摘したように、「一般事故調査結果」（一月二七日付）は、「私的制裁とT一士の自殺との関係」という項目を設けながら、「T一士に対する私的制裁等及び恐喝に関する供述が得られたものの、当該私的制裁及び恐喝が、T一士の自殺と関連しているとの供述は得られなかった」と簡単に片づけています。横須賀地方総監部の監察官室に隠されていた証拠を見たいま、私たちはこの「一般事故調査結果」の欺瞞性をはっきりと指摘することができます。自殺の三日前にサバイバルゲームへの参加を強制されて身体にいくつも痣ができ、自殺の二日前に給与の半分近くを恐喝で奪われ、しかも、上官たちが何も解決に動いてくれない、そんな職場環境の中で二一歳の若者がどうして生きていけるでしょうか。横須賀地方総監部の幹部たちはそのことを百も承知で、事実を隠蔽するという権力犯罪に手を染めたのです。

広沢さんは、支援団体を結成しなければと決意し、横須賀市内、神奈川県内のさまざまな市民団体、人権団体、労働団体に働きかけをはじめます。

2―国会での追及と防衛庁人事教育局長の答弁

話を二〇〇四年にもどします。Tさんの自殺から二週間後の一一月一〇日、「たちかぜ」事件を国会で取り上げた議員がいました。沖縄選出の照屋寛徳衆議院議員です。弁護士でもある照屋議員は、のちに「たちかぜ」弁護団に加わることになります。「国際テロリズムの防止及び我が国の協力支援活動並びにイラク人道復興支援活動等に関する特別委員会」で、次のように質問しました。

最近、自衛隊員の自殺者がふえております。また、自衛隊内における事件も多発をしているようであります。私は、一九九九年一一月八日、護衛艦「さわぎり」で発生した三等海曹の自殺事件の調査に加わったことがございます。「さわぎり」における執拗ないじめが原因の、痛ましい自殺事件でございました。この事件は、現在、御遺族が、国を相手に国家賠償の裁判を提起しております。さて、護衛艦「たちかぜ」で発生をした暴行事件の概要と、容疑者の公表のあり方についてお答えください。

当時、防衛庁の西川徹矢人事教育局長が答弁に立ちました。

「『たちかぜ』に所属いたします二等海曹S、三四歳でございますが、平成一六年の六月に、同僚の隊員、これは海士長の階級にある者でございますが、これに対し、なぜパンチパーマにしていないということ等の因縁をつけまして、正座をさせた上、被疑者が持っておりましたエアガン、これはプラスチック製のものでございますが、いわゆるＢＢ弾を至近距離から被害者に向けて発射する、こういうふうな形での暴行を加えたとして、二日前の八日午前八時二九分に、横須賀の地方警務隊に暴行の容疑で通常逮捕されたものでございます。

護衛艦「さわぎり」。事件から半年後の2000年5月横須賀入港時。1985年就役。乗員220名、全長137m、幅14.6m、基準排水量3500トン。案内してくれた若い海士は「周辺事態法より先輩たちの方が怖い」と語った。

氏名を出さなかったということでございます。今回の事件については、被害者の被害が大きくないなど比較的軽微な事案であった、それから、被疑者の家族、妻と小学生の子供二人おりますが、これに対する配慮等を要する、こういうふうなことを勘案して氏名を公表しなかった」と答弁。

自殺者が出ているのに、「被害は軽微である」とは何事でしょう。お母さんは横浜地裁での陳述でこの答弁に触れ、「隊員の死が絡んでいるにもかかわらず、命に対し、この程度の認識しか持っていなかったのです。自衛隊は国民の命と財産を守るところではないのですか？　隊員の命をどう思っているのでしょうか。自殺は、死に追いやる間接的な殺人だと、私は思っています」と訴えています。

西川局長の答弁にはＴさんの自殺は念頭になく、自衛隊が自殺の責任を問われることはない、という意識で答弁しているとおもわざるをえません。

佐世保に所属する護衛艦「さわぎり」でも、一九九九年に上官からのいじめで自殺に追い込まれた自衛官が出たことを知っている照屋議員は、年が代わって二〇〇五年二月二二日、質問主意書を提出します。

「海上自衛隊横須賀基地の護衛艦『たちかぜ』の事件は、その後の調べで極めて陰湿で、極めて悪質な事案であることが判明した。しかも海上自衛隊においてはこのような後輩いじめの事件が日常茶飯事、しかも常習的に繰り返されていることが判明した。今回の事件については、自衛隊の構造的な犯罪であり、悪質な後輩いじめ事件であると、元自衛官が私あてに手紙をもって告発している。

今回の護衛艦『たちかぜ』の事件は暴行・恐喝事件に止まらず、自殺事件という重大な事件に発展する可能性がある。自衛隊は繰り返される事件・事故について重大な反省と厳正な対処が強く望まれるものである」と問いかけました。質問項目は、

一　電動ガン及びガス銃について、自衛隊はその持ち込みの事実を本当に知らなかったのか。

二　艦内においては「サバイバルゲーム」もしくは「戦闘ゲーム」と称して密室状態で繰り返し撃ち合いが行われていたようだが、直属の上司である班長や分隊長はそれらの行為について本当に分かっていなかったのか明らかにされたい。

三　S被告の暴行・恐喝事件について、監督責任のある上司らについてはどのような処分がなされたのか、具体的に明らかにされたい。

四　護衛艦「たちかぜ」の事件について、S被告と共犯関係にあると思われる海士長の私的制裁についてはなぜその責任が追求されなかったのか明らかにされたい。

五　護衛艦「たちかぜ」のS被告の暴行恐喝事件については、起訴事実以外にも「暴行を苦にしたとみら

れる隊員が自殺したのをどう償うのか」と裁判官が厳しくその責任を指弾している。自衛隊はこのいじめ自殺事件について、これまで調査をしているのか明らかにされたい。特に自殺をした隊員はS被告を名指しして「絶対にゆるさない」などの遺書メモを残しているが、自衛隊はそのような遺書メモの存在を承知しているのかどうか明らかにされたい。

六　自殺をした自衛隊員の遺族に対する補償は行われたのか明らかにされたい。

小泉内閣は二〇〇五年三月八日付けで、答弁書を提出しました。

「お尋ねのいわゆるサバイバルゲームについては、停泊中で在艦者が少ないなど他の隊員が気付きにくい状況下で実施されており、S元二曹の上司である班長及び分隊長は、サバイバルゲームが実施されていることを把握していなかったところである」。

「本件事案に関しては、『たちかぜ』の艦長を始め、S元二曹等に対して監督責任を有していた一〇名の関係者について、戒告等の処分を行ったところである。お尋ねの海士長については、本件調査の結果、他の隊員に対する私的制裁等を行っていたことが判明したところであり、懲戒処分として、五日間の停職の処分を行ったところである。

なお、同海士長が、私的制裁等を行うに際し、S元二曹と共謀していたとの事実は確認されていない」。

「現在、海上幕僚監部等において、自殺をした隊員の経済状況や生活及び職場の環境等様々な観点から、その原因及び背景について、医学的見地も含め調査を行っているところである。

また、お尋ねの『遺書メモ』の内容等については、承知している」。

「現在、自殺の原因等について調査を行っているところであり、現時点で、補償は行っていない」。

CIC（戦闘情報センター）、米海軍のイージス艦のもの。「たちかぜ」の CIC もこれと同じく暗く狭かった。(navy.mil より)。

政府答弁書で「班長及び分隊長は、サバイバルゲームが実施されていることを把握していなかった」としているのは事実と異なります。のちに裁判で争点になるサバイバルゲームですが、最後に行われたのは一〇月二四日であることは事故直後の調査で実はわかっていたのです。

この答弁書を見て、もう一人の国会議員が動き出しました。阿部知子衆議院議員。「たちかぜ」の立ち入り調査を計画しました。この調査には広沢努さんも協力し、横須賀の市民団体、労働組合からも参加者を募り一六名の調査団が四月一六日、「たちかぜ」に乗り込み、幹部から説明を受けました。広沢さんは調査のようすを「CIC（戦闘指揮所）に入った。護衛艦の中枢部分で、学校の教室ぐらいの広さのスペースに、様々な機器が並び、あちこちにスイッチがあった。こんなところでサバイバルゲームをしたというのはちょっと驚きましたね。僕の感覚で言うと、病院で働いている人が、手術室でエアガンを撃ちあっているという感じです。むき出しになっているスイッチにさわったらデータが消えてしまうこともあるんじゃないんですかと、幹部に聞いたんですが、『そうですね』と言っていました。なんだか危機感がないというか、笑いながらの説明で、それだけでも甘さが見えてしまうんだけど、管理を強化するだけで、いじめ問題はなんとかなると思っているところが問題じゃないかと思いました」（非核市民宣言運動・ヨコスカ「たより」一六五号　二〇〇五年五月二九日）と振り返っています。

この調査に参加した三浦半島地区労の小原慎一さんは、「総監部で話を聞いてから『たちかぜ』に行きました。

その時、艦長は、『深刻な事態で、このまま放置するわけにはいかない』『具体的な対策を取る必要がある』と私たちに説明しました。ところが後の北海道での証人調べではあまりに居直った証言をするので、びっくりしました」と艦長の変化を指摘します。

3—防衛庁に情報公開請求、そして横浜地裁へ提訴

刑事裁判終了後、Tさんが自殺に追い込まれるに至った真相を知りたいと考えたご両親は、「行政機関の保有する情報の公開に関する法律」にもとづいて、二〇〇五年四月、今回の事件に関する文書の公開を求めました。八月二四日、防衛庁（当時）は、文書のごく一部の開示を決定しましたが、大部分の文書については開示を拒否しました。一〇月二六日、ご両親はこの決定を不服として、開示拒否の取消しを求めて「異議申し立て」をしました。しかし、防衛庁からの回答は、なかなか出て来ませんでした。

ご両親は裁判で国に真相を明らかにさせようと決意し、同僚隊員への聞き取りなどの準備を進めました。一方、広沢さんは、横須賀をはじめ神奈川県下の労働団体・市民団体に呼びかけて、「たちかぜ」裁判を支える会の結成を準備していきました。

そして、二〇〇六年四月五日、ご両親は息子さんの誕生日の日に横浜地裁に提訴しました。記者会見で、お父さんは「同じ問題を二度と起こさせないためにも、艦内での真相を明らかにしなければいけない」と語り、弁護

団長となった岡田尚弁護士は、「刑事裁判では、自殺についての責任を問えなかった。いじめの実態を知りながら、漫然と放置した国の責任は重い」と指摘し、国すなわち防衛庁と自衛隊の責任を問う裁判であることをアピールしました。この後、ご両親を横須賀に招いて、支援団体を作ろうと考えていた人たちとの交流会が開かれました。

第一回の裁判が五月三一日に決まったので、その直前の二五日、「たちかぜ」裁判を支える会の結成集会を横浜の県民活動サポートセンターで開催しました。

岡田弁護団長のこの日のアピールは、支援者の多くが長く記憶にとどめる名演説でした。

四月五日に、やっと提訴しました。本当にお父さんお母さん、お待たせしました。この日は、亡くなった息子さんの二三歳の誕生日でありました。準備に入ってからも一年ぐらい経ちました。

刑事裁判の中で明らかになっていることは、実態の中のほんとに僅かなことです。これが、これからの裁判闘争で、一番の問題です。我々が責任を問うているのは、単に、いじめられたということの責任を問うわけではない。自殺に追い込んだことの責任を問うわけです。

自衛隊による調査報告書の結局言わんとすることは、ガスガンやナイフを携帯していじめたことは確かであるが、それが果たして自殺にまで結び付くものなのかどうか、という因果関係は分からない、とまとめられている。つまり、自殺に対する責任は自衛隊サイドにはない、それは本人が自分で選択した行為であって、責任はないであろうというまとめ方です。

ですから、自殺に対する責任を問うという裁判提訴は、そう簡単にできるわけではない。

敵の中にすべての情報がある。それをどうやって明らかにしていくのか、というところからはじめなければいけない。因果関係はそうたやすく証明されることではない。

道理ある要求と正しい運動の広がりがあると、裁判が知られるようになり、自分も何か手助けしようかなあという人が出てくると、証拠は集まってくる。逆にいうと、そういう観点で運動をひろげなければいけないと思う。裁判の意義は、自衛隊の人権侵害の実態を明らかにすることです。

そうだ、「自殺に追い込んだ国の責任を問う」のだ、そう確信しました。しかし、この時点では私たちの手元には、さしたる証拠はありませんでした。「運動の広がりがあると、証拠は集まってくる」という発言は、支援者の責任の重さを痛感させるものでもありました。

4―横浜地裁に文書提出命令申立書を提出

五月三一日、横浜地裁で第一回口頭弁論が開かれました。四〇余りの傍聴席は支援者と報道陣で埋まりました。お父さんが意見陳述を行いました。

私は、二一歳の若さで自殺に追いやられた海上自衛官の父親です。護衛艦「たちかぜ」のなかで息子が耐えていたであろう苦しみに、なぜもっと早く気がつかなかったのか、自衛隊をやめさせなかったのか、やり切れない思いで毎日仏前に手を合わせています。息子が「カナダに語学留学させてほしい」と言い出したのは高校最後の夏休みのときです。語学に夢を抱き、夢に向かって努力していたことを知り、頼もしさを感じて、応援しようと決めました。

留学から帰国した息子に自衛隊への就職を勧めたのは、ほかでもない私です。たまたま駐屯地に行く機会があり、隊員のきびきびした態度に好感を抱いていました。英語を使う機会もありそうで、息子にふさわしい職場だと思いました。留学で就職活動の機会を逸した息子が、自分にあった仕事を見つけるまでの社会勉強の場になればと勧めたのです。

これが過ちでした。（中略）

いま、私は自衛隊に対する信頼をすべて失ってしまいました。息子の護衛艦「たちかぜ」一〇ヶ月間の情報を自衛隊は開示しようとしません。このまま息子の存在を消し去るつもりなのでしょうか。

毎年多くの、約一〇〇人近い隊員が自殺していることを知り、愕然としました。国民のためにあるべき自衛隊は、仲間の尊い命さえ守れないで、国民の何をどう守るというのでしょうか。私は自分が息子を殺したと思っています。私が自衛隊を勧めたために、息子はわずか二一年六ヶ月の人生に幕を引きました。その後悔の念でいっぱいなのです。

このような悲劇は私たちの事件でもうたくさんです。自衛隊員一人ひとりの尊い命を軽んじるなと言いたい。自衛隊がそれに気が付いているのに何も出来ないでいる。この根深い悪しき体質を、すべての自衛隊員のためにも改善することが必要だと思います。私は息子の思いも込めて、この裁判を起こしました。この思いを、裁判所にぜひわかっていただきたいと思います。


三木勇次裁判長は被告側代理人に、「きちんと訴状に答えなさい」と言いました。この日、被告が提出した答弁書は、あまりに簡単すぎるものでした。

口頭弁論が終わると、横浜地裁の隣の弁護士会館で報告集会をもつのが恒例になりました。民事裁判は書面の交換が主で、一回の弁論がごく短時間で終わってしまい、傍聴に来た人に法廷で今日何が論議されたのか、とてもわかりにくいからです。弁護団が解説をし、今後の見通しを話してくれます。お父さんはいつも涙声になって自分の思いと、裁判への支援を訴えていました。

原告と弁護団は、この第一回口頭弁論の日、「文書提出命令申立書」を横浜地裁に提出しました。

これは民事訴訟法に定められた制度で、

「裁判所は、文書提出命令の申立てを理由があると認めるときは、決定で、文書の所持者に対し、その提出を命ずる。この場合において、文書に取り調べる必要がないと認める部分又は提出の義務があると認めることができない部分があるときは、その部分を除いて、提出を命ずることができる」（二二三条）となっています。

私たちはこうした制度があることを、「たちかぜ」裁判ではじめて知りました。

弁護団が提出を求めた文書は、「事故調査として聴取・作成された各隊員の答申書、供述調書」、「護衛艦たちかぜの一般事故調査結果について」、「上陸簿」、「自殺後のアフターケアについて」、「平成一五年度・一六年度護衛艦『たちかぜ』訓育実施記録のうち故隊員作成の所見欄」、「入隊、修業に際しての所感のうち故隊員作成部分」でした。

横浜地裁は「裁判所は、公務員の職務上の秘密に関する文書について、文書提出命令の申立てがあった場合には、当該監督官庁の意見を聴かなければならない」（第二二三条三項）にもとづいて、監督官庁である防衛省に意見書の提出を求めました。

横浜地裁

横浜市役所前で裁判への支援を訴える「支える会」の広沢努さん（故人）。

防衛大臣は約一年後の二〇〇七年五月三〇日付けで回答を横浜地裁に提出、「答申書は非公知であり、自殺者の自殺前の状況、護衛艦『たちかぜ』における暴行等事件に関して、非公開を前提に答申者の知り得ることについて任意に答申しており、その内容は職務を遂行する上で知ることができた私人の秘密、すなわち、職務上知り得た秘密に該当する、答申書は職務上の秘密に該当する」として、文書の提出を拒もうとしました。

しかし、結論を先に言っておけば、裁判所は防衛省のこうした主張を認めませんでした。職場での暴行の目撃証言がどうして、「職務上知り得た秘密」に該当するのでしょうか。

上陸簿についての主張は、もっと傑作でした。「上陸簿を公にすることにより、当該艦艇の実員数や階級構成、乗組員全員の勤務態勢等が明らかとなり、海上自衛隊の護衛艦が実施している訓練等から得られる情報を総合的に分析されることにより、海上自衛隊の護衛艦の活動・行動状況や運用状況が容易に推察され、以後の作戦行動、任務遂行に重大な支障を生じさせるおそれがあるため、公務の遂行に著しい支障を生ずるおそれが認められる」。

海上自衛隊は出動すると長期間艦艇に乗ったままの勤務となります。インド洋での給油活動では一回の出動日数はおおよそ半年でした。こうした拘束力の強い勤務態勢を嫌い、多くの自衛官が退職していきます。定員を満たすことができず、若干の欠員のまま運航されている艦艇が多いのが実情なのです。定員に対して実際に乗組んでいる隊員数を実員といいます。これが、明らかになることを防衛省は強く警戒していました。

しかし、弁護団が「上陸簿」の公開を求めていたのは、被害者であるTさんと加害者であるSの上陸日がどの程度重なり合っているのかを確認したいからでした。たちかぜ全体の実員数を明らかにして欲しいと要求したわけではありません。

防衛省の主張は、文書を開示しないための口実としか思えませんでした。

七月一九日の第二回口頭弁論で、防衛庁と海上自衛隊は、

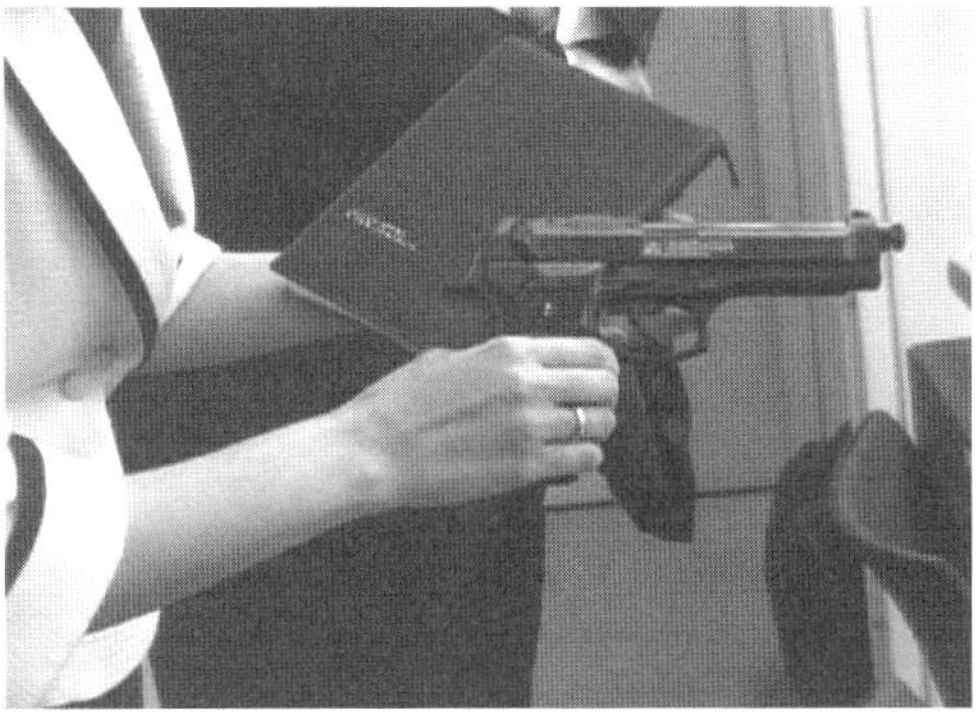
内規に違反して持ち込まれたエアガン。これも弁護団会議で威力を検証した。

①被告Sが護衛艦内に私物のエアガンを持ち込んだこと。故Tを含む部下の隊員を射撃の対象としてエアガンを至近距離から撃ったこと、平成一六年夏以降、部下隊員らと度々「サバイバルゲーム」をしていたことは認め、

②サバイバルゲームにおいて、部下隊員らを射撃の対象とし続け、エアガンでBB弾を至近距離から打ち込むなどの暴行を日常茶飯事に行っていた、については否認する。

③護衛艦内にエアガンを持ち込むことが禁止されていたことは認める。

④「被告Sによるエアガンの持込について隊員の間では公知の事実となっていた」については、航海長は平成一六年五月以降、分隊先任海曹は同年一〇月以降知っていたことは認め、班長及び一部の乗員については特定できないものの、ある時期から被告Sによ

るエアガン等の持ち込みを知っていたという限度で認める。

という主張です。

もう一つの準備書面では、

「同人にとって被告Sの『いじめ』が耐え難いものであったとしても、その苦痛は同人が自衛官を辞めれば直ちに解消されたはずのものであり、同人が辞職ではなく、敢えて自殺の途を選択した理由とすることには疑問が残ると言わざるを得ない」と主張。

海上自衛隊の人事管理の責任を放棄するに等しい言葉でした。自衛隊の果たすべき責任は、S二曹のような者こそ直ちに処分し、部隊の団結の維持、上官への信頼の再構築にこそ、力を注ぐことだったはずです。しかし、「たちかぜ」裁判八年の経過の中で、防衛省・自衛隊からそうした反省の言葉は、一言もありませんでした。ひたすら事実の隠蔽と責任逃れに終始したのです。こうした国の態度に、東京高裁は八年後に、二一歳の若者の心情を思いやる判決を下します。

被控訴人国は、Tが自殺をするまで、欠勤、遅刻などをしなかったこと、被控訴人S二曹の行為を逃れるために自衛隊を退職することは容易であったのに退職を申し出ていないことなども指摘しているが、前記のとおり、父の勧めにより、将来の希望をもって自衛官となったTにとって、被控訴人S二曹の行為を逃れるために退職を決意することに困難を伴うことは容易に推認でき、また、自殺者がしばしば視野狭窄的な状態に追い込まれ、事後的に振り返って必ずしも合理的かつ説明可能な行動をとるとは限らないこともよく知られた事実である。

（東京高裁「判決文」）

この判決まで、実に八年の歳月が必要でした。お父さん、お母さんにとっては、つらい法廷が続くことになります。

年が明けて二〇〇七年。防衛庁は防衛省へ移行、横須賀でもいくつもの看板が書きかえられました。九月二一日、横浜地裁は文書提出を被告（防衛省・海上自衛隊）に命令しました。しかし、被告・国側はこれを不服として抗告、原告側も提出命令の範囲をさらに広げるよう要求して抗告しました。文書開示の部分だけが分離されて、東京高裁で審理されることになりました。

二〇〇八年二月一九日、東京高裁の西田美昭裁判長も文書提出命令を出しました。その判断は明快でした。上陸簿については、「抗告人ら（原告）の主張するように、文書提出命令の対象をT及び本案事件被告Sの上陸の日時、開始時刻及び帰隊時刻を記載した部分に限定した場合、その証拠調べの必要性は一定程度、存するものと認められる上、これらの事項を開示したからといって、上陸した艦隊の実員数や階級構成、乗組員の勤務態勢等が明らかになるわけではなく、国の安全に重大な支障を生じさせるおそれがあるとの防衛大臣の意見について相当の理由があると認めるに足りないというべきであるから、原審相手方（国）に対し、上記部分の提出を命ずるのが相当である」。

「自殺後のアフターケアについて」は、「海上自衛隊の医官は、専門的な知見に基づいて自殺したTの心理や精神状態を客観的に推察・分析しているものであり、Tが自殺した原因や自殺に至る経緯などが争点となりうる本件訴訟において、上記推察内容が公開されたからと言って、今後医官が同種の調査をする際の適切な判断を阻害することになるとは考えられない」と提出を命令したのです。

「答申書」（「たちかぜ」の乗組員が目撃した艦内暴行の実態、自殺についての所感などを述べたもの。このベースになったのが東京高裁で問題となる乗組員自筆の「艦内生活実態アンケート」なのですが、この時点では破棄されたことになっていました）、「供述調書」、「護衛艦たちかぜの一般事故調査結果について」、「上陸簿」、「自殺後のアフターケアについて」という五つの文書が公開されました。

原告と弁護団に届けられた「答申書」には、艦内暴行についての乗組員のさまざまな体験が書かれていました。「これで真相に一歩近づいた」と思ったのですが、もとになったアンケートが巧妙に取捨選択されて自衛隊に都合の悪い事実が隠されていることに、この時点では気が付きませんでした。

裁判は、あらたな段階へと進み始めました。

答申書にはS二曹の暴行がありありと書かれていました。

「たちかぜ乗艦中、時期は覚えていませんが、航海直のワッチ（当直）中に何か失敗をすると、毎回のようにS二曹から殴られたり蹴られたりしました。同じワッチであったT一士も同様にやられており、失敗したら殴られたりするのは当たり前のようになっていました。また、同じワッチの人もS二曹が殴ったりするのを見ていましたが、止めたり注意したりすることはありませんでした」。

「一六年四月上旬ころ、たちかぜCICにおいてS二曹から理由もなく一〇メートルくらいの距離からエアガン一発を足に発射され少し太めの輪ゴムで打たれたような痛さを感じましたが、『結構利くだろう、痛いだろう』と言われ、遊び半分で撃たれたと感じました。……時期や回数は、はっきり覚えていませんがCICにおいてB士長がT一士に対して、後頭部を叩くのを見たことがあります。理由についてはよくわかりません」。

「一〇時頃、S二曹からESM室（電波探知室）でワッチ中にCIC機器室からBB弾で撃たれました。距離は二～三mぐらいだったと思います。左足の脛を三発撃たれアダ《ママ》が三個できました。強烈に痛かった記憶があります。私が痛いと叫ぶと、S二曹は笑っているだけでした。厄介な人だと思いました。いままで

護衛艦の甲板で作業する海士たち。S2曹は右上の一段高い甲板から狙い撃ちをした。

の状況から班長・分隊先任・分隊長に言っても、対応してくれないので言いませんでした」。

この三通の答申書を読んだだけでも、S二曹の暴行は勤務時間中にも、時間外にも面白半分に繰り返されていることが分かります。私たちもこれほど酷いとは思っていませんでした。

そして、「班長・分隊先任・分隊長に言っても、対応してくれない」と記した隊員がいたことは、「たちかぜ」艦内の規律が、外部の私たちには信じられないほど弛んでいたことを示しています。幹部自衛官が、艦内の規律維持、隊員の人事管理に何の努力もしていないことも明らかになりました。

答申書の内容だけでも驚きでしたが、さらに、「聞き取り調査結果」などさまざまな書類を海上自衛隊は隠し持っていました。それが明らかになるのは控訴審で、現職の三等海佐が内部告発するのを待たねばなりませんでした。

二〇〇八年八月。先行していた「さわぎり」裁判の控訴審判決が福岡高裁で言い渡されました。法廷は全国から集まった傍聴者で埋まりました。

「直属の上司において、護衛艦の機器の操作その他の指導にあたり、能力がなく、その階級に値しないといった隊員を侮辱するような言動を自殺前約二ヶ月の間に繰り返した事実が認められる。（中略）上司の言動は、隊員を誹謗し、心理的負荷を過度に蓄積させるような内容のものであり、指導の域を超える違法なものであったと認められる」「被控訴人（国・自衛隊）は、国家公務員に対し、業務の遂行に伴う疲労や心理的負荷等が過度に蓄積して心身の健康を損なうことがないよう注意する義務を負うが、隊員の直属の上司は、被控訴人に代わってその義務を果たすべきところ、逆に侮辱的な言動を繰り返したものであって、この義務に違反したということができる」。

上司の指導を違法と指摘し、安全配慮義務違反を認めた画期的な判決でした。

報告会では「さわぎり」のお母さんが、「弁護士の先生方には、親には出来ない働きをしていただきました。ありがとうございました」と涙をこらえて御礼の言葉を述べました。

「たちかぜ」のお父さん、お母さんも、支える会からも傍聴に出向きました。お父さんはだいぶ体調を崩されていて、薬を飲みながらの参加でした。ご両親は報告会で、「たちかぜ」裁判への支援を訴えました。

この判決の少し前、六月一八日には、横須賀配属の掃海母艦「うらが」で上官の冷蔵庫内の飲み物に強アルカリ物質を入れる事件が起きました。七月六日には、やはり、横須賀配属の護衛艦「さわゆき」が下北半島の沖合で火災を起こしました。

5―証人尋問・偽証・追加証人の採用

「さわぎり」裁判で画期的な判決が出たにもかかわらず、防衛省と自衛隊はその態度を改めませんでした。「たちかぜ」裁判は二〇〇八年の九月から一一月にかけて証人採用をめぐる攻防に入っていました。一一月二六日に国が出して来た準備書面は、あまりにひどいものでした。

「班長については、被告Sがガス銃で後輩自衛官を撃っているのを目撃しているが、Tに対していじめ行為を行っていると推察すべき状況があったとは認められないのであるから、分隊長及び班長には、Tの自殺を防止できなかったという安全配慮義務違反はなく、因果関係を論じる余地はない」。

「分隊長及び班長は、事故後の一般事故調査で、結果的に指導監督の不十分さが指摘されたものであり、予見可能性を指摘されたものではないから、上記被告国の主張が何ら矛盾するものではない」。

あきれ返るばかりです。

二〇〇九年二月一八日、第一七回口頭弁論。証人が決まりました。原告側からは、Tさんの同僚であったJさん（現職自衛官）、Nさん（元自衛官）、Kさん（元自衛官）の三人。被告側からはTさんが所属していた第二分隊のC先任海曹長、M班長。そして、Tさんの自殺後、艦長の指示を受けて調査にあたった第一分隊のI砲雷長、そして加害者のS元二等海曹本人。

しかし、証人調べをまたずにお父さんは亡くなりました。葬儀の席の立ち話でお母さんが、「判決をまたないで亡くなってしまって。私は悔しくて」とおっしゃっていました。

原告継承の手続きが行われ、亡くなったお父さんに代わりお姉さんが原告となって、法廷に立つことになりました。

証人調べの準備は、なかなか大変でした。原告側と被告側それぞれの証人について主尋問と反対尋問があります。「たちかぜ」裁判の場合、防衛省・自衛隊の安全配慮義務違反を具体的に立証し、暴行・恐喝によって、自殺に追い込まれていったことを明らかにしなければなりません。

原告側証人には、何を証言してもらうのか、何を強調してもらうのか。被告側証人に対しては、何か隠していることはないか、服務指導について明らかにさせる点はどこかなど、弁護団会議で検討が重ねられました。

二〇〇九年五月二七日、いよいよ証人尋問です。最初の証人は第二分隊のC海曹長。事件当時四四歳で加害者よりも一〇歳年上でした。中堅隊員である海曹と若い海士を束ねる立場にあった人物です。彼の上に分隊士（当時二五歳）と分隊長（同三三歳）がいます。この年齢構成に海上自衛隊の構造的な問題があらわれています。分隊長が人事権をもっていますが、加害者のS二曹よりも年下。海曹や海士への指導は、実際には海曹長に押しつけられていたようです。

ポイントとなったのはC海曹長が一〇月一日に、加害者であるS二曹に注意をし、以降いじめはなくなり、安全配慮義務違反はないという点でした。

阪田弁護士がCICの写真を示しながら、何人ぐらい入れるのかを問うと、被告代理人の一人が「防衛機密です」と叫びました。電測員（レーダー担当）の人数を訊こうとしたら、また「防衛機密です」の声。そして、国側の主任弁護人が立ち上がり、「申し訳ありませんが人数は言えません」と主張、国側は防衛機密を盾に、原告側を牽制しようという姿勢がありありでした。

反対尋問で明らかになったのは、海曹長が二曹を注意したのは、食堂で宴会の前に口頭注意というやり方で、ほんとに軽く注意、という程度であったことでした。本来ならば海曹長の居室に呼びつけて厳重に注意し、即刻ガスガン、エアガンを取り上げるべきところですが、注意を受けた後、S二曹は注意を受けたのは自分一人で、他にもエアガンなどを持っている隊員がいるので、もうしばらく置かせてくれと海曹長に頼み了解をえています。こうした甘い処置が、その後の暴行を誘発することになったのです。しかし、海曹長は多少なりとも自分の責任を感じている証言をしました。対照的に直属の上官であるM班長は「知りませんでした」「見ていません」との証言を繰り返し、傍聴者の怒りを買いました。

「それですまされると思っているのか」、責任感の無さにあきれ返りました。先に見た「聞き取り調査結果」には「S二曹がJ士長にガスガンを撃っているのを目撃した」（二〇ページ）と記録されているのに、こうした証言をしたのです。

二〇〇九年七月八日、原告側証人の訊問。最初に証言にたったのは、Tさんと一緒に「たちかぜ」に配属（二〇〇三年一二月一八日）されたNさんでした。すでに自衛隊を退職している元同僚です。緊張した足取りで証言席に立ちました。あとで聞いた話ですが、傍聴席が支援者で満席になっているのを見て、気分がだいぶ楽になったそうです。Nさんは宣誓のあと証言をはじめました。

S二曹の暴力が始まったのは、配属されて二、三ヶ月経った頃からでした。意味もなく手の甲で叩かれたり、足蹴りをされたりしました。五月ころからはガスガンで撃たれることもありました。一メートルくらいの距離から突然撃ってきて、青アザができたこともありました。Tがガスガンで撃たれるのを見ました。場所はCICでTは仕事中だったと思います。非番のSは物陰からいきなりエアガンを発射しました。C

ICは暗いのですが、真正面から撃つこともあるので犯人はSだとわかりました。そんなことが、毎日のように繰り返されていました。ある時、お風呂でTの体をみると、体中にあざができていました。エアガンで撃たれた痕だと思います。

二人目は、やはり元同僚で現職のJさん。

私が体験したイジメというより暴行は、平成一六年四月下旬から九月下旬ころまで、S二等海曹からガスガンや電動ガンで身体にBB弾を撃たれたことでした。特にひどいのが、刑事事件でも犯罪として認定された平成一六年（二〇〇四年）六月一日に受けた暴行です。暴行は日常茶飯事であり、それを電測員の上司は知っているにもかかわらず、誰も止めてはくれませんでした。

六月から八月下旬にかけて、CIC室でT君もS二曹からガスガンや電動ガンで撃たれていたのを見たことがあります。また、T君はS二曹から理由もなく平手打ちやこぶしで殴られているところを一、二回は見ております。そして、S二曹がT君に蹴りを入れ、関節技をかけているのを見たことがあります。T君の腕やおでこ、頬にアザを作っていたのを見たことがありますが、これはおそらく、S二曹に暴行を受けた痕だと思います。

この現職自衛官の勇気ある証言は、傍聴者に深い感動をあたえました。と同時にあまりの艦内暴行のすさまじさに、胸が締めつけられる思いでした。

三人目は、やはり元同僚のKさん。

教育隊のときは、自衛隊はまじめな組織だと思えたのですが、たちかぜに来てみると、建前と実態がかけ離れていることがわかりました。艦内の規律がとにかくぐちゃぐちゃでした。艦内の飲酒もありました。「艦上体育」の時間に、何人か（上官も含む）で甲板を走っていると、Tが「上見て」とよけるようにするので見上げると、上の離れた所からSが隠れてエアガンでT君を狙っていたこともありました。Tは本当に嫌がっていました。「本当に痛いんだよ」と言っていました。

普通の職場と比較してみて下さい。勤務時間中に上司が部下をガスガンやエアガンなどで狙い撃ちにする職場があるでしょうか。そんなことが発覚すれば、重い処分が下るでしょう。当然のこととして配置転換されます。ところが、「たちかぜ」艦内では、常識外の暴行がまかりとおっていたのです。

このあと証言に立ったI砲雷長（第一分隊長）はこの日、二つの重大な偽証をしました。

127ミリ砲の砲弾を見学者に見せる1等海尉。尉官以上の幹部は制服の袖口に階級章が入る。大学出の幹部はあまりに若く、海曹たちを指導するのは困難だった。

一つはTさんの借財問題についてです。Nさんからの聞き取り調査の結果として「平成一六年八月ころから借金の取り立てのような電話を受け、電話越しに頭を下げている光景を見た」と事前に提出した陳述書にも書いていま す。びっくりしたのは傍聴席にいたNさん。「携帯電話で相手にあやまったという話も全く作り話です」。海上自衛隊はどうしても、遊ぶ金欲しさに借金を重ね、その返済を苦にして自殺したというストーリーを作り上げたかったようです。「キャバクラには行ったことがないのに、頻繁に行っていたことにするなど、事実をねじ曲げることを平然とやったのです。

またKさんの自宅に電話をして、本人は留守だったが、お父さんと話をしたと証言しました。びっくりしたのはKさんで、この時にはすでにお父さんは亡くなっていて、話ができるわけはないと報告会で発言しました。

海自いじめ
自殺訴訟

国側証人が「偽証の疑い」
故人に「電話した」と証言

「海上自衛隊員いじめ自殺訴訟」の横浜地裁（水野邦夫裁判長）の口頭弁論で8日、被告国側証人の3等海佐（当時＝砲雷長）が、自殺隊員（当時21歳）の親友だった元隊員(24)らに事情聴取したと述べ「元隊員と父親に04年に電話した」と証言した。傍聴していた元隊員は「父は03年に死亡。私自身も電話を受けていない」と疑問を投げかけた。

原告弁護団は「偽証の疑いがあり、父親の死亡の戸籍を取り寄せ、次回（9月9日）追及したい」と話した。

元隊員（愛知県在住）は04年6月に退職。同11月に護衛艦「たちかぜ」の2等海曹(38)が暴行容疑で逮捕され、3佐は艦長の指示で元隊員ら4人に事情聴取したと証言した。

3佐は「最初の電話で父親に『事件の関連で息子さんに事情を聴きたい』と告げた。その後、元隊員に電話し、自殺隊員との交友関係を聞いた。自殺隊員は風俗遊びなどで借金苦のようだった。聴取結果は口頭で艦長に伝えた」と述べた。

元隊員は3佐の前に原告側証人として「自殺の原因は先輩隊員のエアガンによる日常的ないじめと思う」と証言。傍聴席で3佐の証言を聞き、閉廷後「父は03年4月、46歳で死んだ。私自身、3佐と面識がなく、電話で答えたこともない」と話した。

弁論では他に、現役隊員と元隊員各1人も証言。元2曹に暴行を受けていた現役隊員(25)は「艦長も知っていたと思う」と述べた。【網谷利一郎、杉埜水脈】

「上官らいじめ黙認」
隊員ら3人 国側に不利な証言

「上官らはいじめを黙認していた」。階級社会の自衛隊の若い現役・元隊員4人が証言に立ち、そのうち3人までもが国側に不利な証言を繰り返し、法廷に衝撃が走った。

現役隊員(25)は自殺隊員の親友で、事件後も横須賀基地に勤務。先輩だった被告・元2曹の暴行罪の被害者でもある。「暴力は理由もなく日常的で、自殺隊員は私より長く暴行されており、背中などに青あざがたくさんあった」と証言した。

いじめの現場は護衛艦の重要機関CIC（戦闘指揮中枢）だった。現役隊員は「許可なく入れない場所だが、他の隊員たちも出入りしていた」とずさんな管理状態も暴露した。

2年前に退職した元隊員(30)は「自殺隊員が前夜、遺書を書いたのを破ってやめさせた」と証言。上司に相談しなかった理由を問われ「信用しきれなかった」と不信感をあらわにした。

原告の自殺隊員の母親(55)＝宇都宮市＝は「3人は葬儀にも来てくれ『息子さんの味方ですよ』と言ってくれた。勇気ある証言に感謝したい」と語った。【網谷利一郎】

毎日新聞　2009年7月9日付

それでは偽証ではないか、偽証罪で告発するかどうかを弁護団は検討しはじめました。新聞にも大きく「偽証か」と報道されたこともあって、横浜地裁の水野裁判長も国側証人の証言の信ぴょう性に疑問を持ち、O元艦長を追加証人として採用することを決定しました。

ところが、元艦長は当時、ミサイル艇を指揮する北海道の余市防備隊の司令になっていました。横浜地裁からの呼び出しに、「何かあった場合には、防備隊にもどらなければならない。二時間以内にもどれるところにして欲しい」とする要請書を提出。

結局、元艦長の要請を入れて、札幌地裁小樽支部で証人調べが行われることになりました。お母さんとお姉さん夫妻、二人のお孫さんも北海道まで行きました。支える会からも三人が小樽へ。原告席の隣で、艦長の証言を聞きました。尋問は被告側はE訟務検事が、原告側は、渡部弁護士が担当しました。まずは砲雷長からの報告について尋ねました。「一一月中旬から一二月に、艦長室でまとめて報告を受けた。メモを使って報告した。メモし保管している」と回答、砲雷長の証言との食い違いが出てきました。さらに艦長は「分不相応の金銭の消費があった。ヤミ金が相手ではないか。平成一六年二月から五月まで、横須賀のキャバクラで多い月で二〇万～三〇万円を使っていた。八月ごろからは借金の穴埋めのためのスロットをやっていた」と証言しました。そんな証拠は何もありません。元艦長ともあろう人が、勝手な憶測で証言することにあきれ返りました。一緒にキャバクラに行ったとされたNさんは、「キャバクラには行ったことがありません」とする陳述書を提出しました。

ガスガンの「射撃実験」のデータを示す岡田弁護士。

渡部弁護士は「私物管理はどのように行っていましたか」と尋ねます。「ガスガンやナイフが持ち込まれることを想定していません。舷門で、当直員がチェックしていますが、悪意をもって持ち込もうと思えば防げない場合もあります」と証言。舷門にたっているのが海士の場合、上官である海曹が持ち込もうとすれば拒めなかったでしょう。ガスガンは六丁も持ち込まれていたのですから。

「答申書で、艦上体育の際に、旗甲板からエアガンで隊員を狙い撃ちにしていたと書いている隊員がいますが、ご存知ですか」と渡部弁護士、艦長は「艦長も身体が空いている時は、艦上体育に参加しますが、見たことはありません。見た時は処罰します」と回答。「BB弾については、見たことがありますか」「CICでも甲板でも、見たことはありません。報告を受けたこともない」、「平手打ちは」「見たことも聞いたこともない」と証言。実際にあったことなのですから、もう少し言いようがあるだろうに、と思いました。とにかく、見ていない、報告も聞いていないからオレには責任がないと言わんばかりの証言でした。最後に岡田弁護団長が、「エアガンは見たことがありますか」「見たことがありません」「どのような型式か知っていますか」「知りません」「確認する必要を認めなかったのですね」「一般的な知識はあるので」。支える会では「たちかぜ」に持ち込まれたのと同型のライフル型のガスガンを購入し、弁護団とともに射撃実験をやって、その威力を確認しました。「たちかぜ」の幹部たちは、そうした検証の必要を認めていなかったでしょうか。

弁護団は、ガスガンの射撃実験の結果――アルミ缶、スイカ、リンゴを標的にして破壊力を確認したデータ――を書面とＤＶＤで裁判所に提出しました。

一方被告側は、「砲雷長メモ」なるものを提出してきました。そんなものがあったのなら、何故、小樽の尋問の前に提出しなかったのでしょうか。

二〇一〇年四月二一日の第二三回の口頭弁論で、「Ｉ砲雷長が『私は文書報告していない』と証言しているのに、証拠として出してくるのは相当な度胸でしょ」と岡田弁護団長は、防衛省・自衛隊の訴訟態度を厳しく批判しました。

6―横浜地裁判決の日

二〇一一年一月二六日、判決の日を迎えました。よく晴れた日でした。マスコミの注目もかつてないほどで二〇名近い記者が集まりました。そして、私たちは誰もが「勝訴」を確信していました。

「Tさんの自殺の原因は、同人の経済的な窮迫という事情に加えて、被告Sから暴行、恐喝を受けたこと、これが今後も続くと予想されたことにあったと認めるのが相当である。……被告Sの暴行や規律違反行為を止めることができなかったことと T さんの自殺との間には事実的因果関係を認めることができる」としながら、判決文は最後に「本件暴行等により、Tさんが自殺することまで予見することができたとまでは認められない」「Tさんの死亡によって発生した損害については、被告Sの不法行為との間に相当因果関係があるとは認められない」として、防衛省と海上自衛隊、そしてS二曹の責任を免罪したのです。

法廷に入れずに裁判所の外で待機していた面々は、西村弁護士が掲げた「不当判決」の幕に驚きました。

判決報告会では岡田弁護団長が、「本当に九割九分まで我々の主張通り、土俵の俵まで追い詰めた。予見可能性という法律論で打っちゃられた」と判決を批判しました。予見可能性とは、危険な事態や被害が発生する可能性があることを事前に予想できたかどうかということです。

田渕弁護士は電通過労自殺事件の最高裁判決（二〇〇〇年三月二四日、恒常的な残業を強いられた二四歳の労働者が自殺した事件。安全配慮義務には仕事量のしかるべき調整義務を含むとした判決）を紹介して「この最高裁判決では自殺そのものの予見可能性までは必要なく、危険な結果を生む状態が認められれば賠償責任を負うとしていま

横浜地裁入口で「不当判決」をアピールする弁護団と「支える会」。

す」と地裁判決を批判。

渡部弁護士は「上司の監督責任は認めたが、艦長の責任を認めなかったのは不満です。自衛艦のトップが、下からまったく報告があがっていないから、知らない、わからない、というのは納得できません。下から上へあがるシステムになっているはずなのに」と。

小宮弁護士は「上官たちがSが艦内でエアガンを撃っていることを知りながら放置した。何故放置したのか、そんなことは絶対だめだという強い危機意識がなかったからではないでしょうか」と自衛隊の幹部の体質を厳しく批判。

お母さんは、「また、闘いがはじまるのかなという思いで聞いていました。判決を聞いていたら、認められた事実関係からすると、私は自殺は十分予見できたと思います。予見できなかったということで責任を逃れられるなら、みんなそれで逃げてしまい、いじめは無くならないと思います。

私たちは息子の無念をはらすために、名誉回復のために裁判をしましたけれど、たとえ勝っても息子は還って来ませんし、どんな金額の賠償金が入っても息子はもどってきません。いま苦しんでいる隊員の方が、私たちが勝つことで、亡くなる方が減って行けばいいなと思ってやってきました。私たちが勝つことで自衛隊の体質が変わることが、息子の生きた証しになる、そう思ってやってきました。中には情報保全隊と思われる人が傍聴席に座って、傍聴に来ている人をチェックしていたこともありました。

私としては息子の死の責任が認められるまで、弁護団の先生方とみなさんと、最後まで闘っていきたい」と早くも控訴審への決意を明らかにしました。こんな判決では、息子の無念ははらせていない、お母さんには、いささかの迷いもありませんでした。

お姉さんは、「今日で終わると思って家族全員でやってきたんですが、やり切れない気持ちでいっぱいです。その思いをたくさんの支援の方や、弁護士の先生方と共感できることを支えとして、まだまだ続きますので、これからもよろしくお願いします」と、いまにも泣き出しそうな表情で訴えました。

控訴の方針は決まりました。東京高裁での審理がどんなに厳しかろうと、これに立ち向かわねば。「支える会」一同も、原告に背中を押され、控訴審に臨むことになりました。

（1〜6節・木元茂夫）

「たちかぜ裁判」略年表（控訴審─東京高裁）

日付	回数	裁判の経過と「支える会」の取組み
［2011年］		
10・5	第1回	原告（母と姉）が意見陳述
11・14	第2回	原告は証拠説明書（①「艦内生活実態アンケート」、②起案用紙）を提出
12・5		国は意見書を提出（「……10／12求釈明申立は決着済みの問題を改めて蒸し返すもの」と主張
12・21		「充分な事実審理・自衛隊の責任を明確にした判決を求める要請署名」第一次提出八二四〇筆
［2012年］		
1・23	第3回	裁判長は少々混乱。国は原告準備書面2に対し、準備書面を出すと答える。高裁宛要請署名第二次提出三万三六九二筆 自衛隊内部の人権侵害を問う1・23集会（東京）
2・28		東京高裁宛要請署名第三次提出一万八八四七筆
3・5	第4回	国は準備書面1を陳述し、一般事故調査結果の発簡番号の取り直しの事情について、Y氏（当時の監察官）、Q氏（同監察官付）、O氏（同艦長）は知らないなどと主張。発簡番号の取り直しについての弁護団の追及に対し、国の答弁は迷走
4・18	第5回	原告は準備書面3と内部告発の陳述書（A三等海佐による）を提出、高裁宛要請署名第四次提出七一二筆
6・18	第6回	朝刊に内部告発が報道された。国代理人は文書の存在を認めるが、提出するとは言わず。裁判長も国に提出を促さなかった
6・21		杉本海上幕僚長が、「艦内生活実態アンケート」が見つかったと発表
7・6		国は証拠一四点を高裁に提出
8・22		提訴六周年集会「内部告発と新たに提出された証拠から見えてきた真実」

9・12	第7回	原告は準備書面4を陳述し請求の趣旨拡張申立書（訴えの変更、賠償額を増額）を提出し、意見陳述した。国は証拠一九五点を提出、高裁宛要請署名第五次提出四四七筆（合計六万一九三八筆）＋「新証拠の充分な事実審理と自衛隊の責任を明確にした判決を求める署名」（裁判長への一言付き）提出二九七筆（団体一〇四個人九三）
11・8		リーフレット「自衛官のいのちと人権を問うたちかぜ裁判」発行
11・26	第8回	国は準備書面2を陳述、新たに出た証拠に基づかない従前と変わらぬ主張をする。原告は求釈明申立（証拠の墨塗り解除を求める、ほか）
【2013年】		
2・4	第9回	右陪席交代。原告は準備書面5を陳述。国は準備書面3を陳述。裁判長は「インターカメラ」に言及
3・25	第10回	国は準備書面4を陳述し証拠の墨塗りを解除しない理由を述べる。裁判長はその理由は当てはまらないと指摘、国に検討して解除できるものはするように求め、再び「インターカメラ」に言及する。原告は三点の証拠に絞り墨塗り解除を求める
4・6		高裁、文書提示命令（インターカメラ）
5・29	第11回	国代理人（訟務検事）交代。国は追加調査を踏まえないと主張できない、と主張
7・12		提訴七周年集会「防衛省自衛隊は証拠の墨塗り解除を・東京高裁は証人採用を」
7・18	第12回	原告は準備書面6を陳述。国は約束の文書を出さなかった。乙109－4を提出（小出しに墨塗り解除）
9・12	第13回	国が調査報告書（7／25付、乙249号証）を提出し、準備書面5を陳述。12／6／18の第六回弁論後に国指定代理人がアンケート破棄を指示したことが、発覚。裁判長は墨塗りだらけの乙249号証に対し、検討を求める。閉廷後に進行協議、証人採用を求める団体署名第一次提出二九八筆
10・21	第14回	国は意見書を出し、A氏の証人尋問は不必要と主張。高裁は証人三名（A氏、N氏、D氏）採用。証人尋問と最終弁論の日程が決まる。団体署名第二次提出四一筆＋個人五筆
12・11	第15回	証人尋問（A氏）。裁判官三名とも質問。A氏は「……不利な証拠だからといって隠そうとしてはならない。これからも悩み続ける自衛隊でいてほしい」と発言
12・16	第16回	証人尋問（N氏、D氏）。N氏は、肝心な部分は記憶にないと証言、傍聴席のA氏を見ても「知らない」。D氏は、アンケートがあることに気づかなかったと証言

［2014年］

1・22		報告集会「最終弁論に向って」（横浜開港記念会館）
1・27	第17回	最終弁論。原告は準備書面7を陳述し証拠を提出。国は準備書面6を陳述。原告（母姉）が最終陳述
3・6		緊急署名提出個人六四六九筆＋団体五五五筆
3・26		〃　個人五八九五筆＋団体一六四筆
3月下旬		〃　個人二二〇五筆
4・7		〃　個人三万四一六七筆（合計個人四万八七三六筆＋団体七一九筆）
4・23	判決	完全勝利判決（賠償額約七三五〇万円）、勝ち取る
7・12		「たちかぜ」裁判勝利7／12報告集会

7―東京高裁で審理はじまる

二〇一一年一〇月五日、控訴審の第一回口頭弁論の日は、あいにく、朝から雨の降りしきる空模様でした。九月の二〇日頃まで続いていた残暑も峠を越し、ようやく秋の風を感じていたところでしたが、この日は急に冷え込み、日中の最高気温も一五度止まりです。しかし、そのような天候にもかかわらず、支える会のメンバーは、高裁門前で横断幕を広げ、通行人にチラシを配り始めます。新たな闘いの始まりでした。

控訴審からは、浜松の塩沢忠和弁護士も弁護団に名前を連ねました。塩沢弁護士は、岡田弁護団長と司法研修所時代の同期・同クラスです。浜松基地自衛官人権裁判の提訴の際、原告に塩沢弁護士を紹介したのも他ならぬ岡田弁護士でした。その浜松基地自衛官人権裁判は、「たちかぜ」裁判の一審で、裁判所が文書提出命令を出したことが前例となり、証拠書類が比較的早期に提出され、「たちかぜ」裁判より後に提訴したにもかかわらず、これより先三年三ヶ月の審理で原告が勝訴（二〇一一年七月一一日）するという結果になりました。判決後、塩沢弁護士は、「浜松では勝ったが、『たちかぜ』裁判で勝利しない限り、自分の仕事は終わらない」と思い弁護団に名を連ねたのです。

一方で、控訴審の訴訟指揮を行う鈴木健太裁判長も奇妙な因縁ですが、岡田、塩沢両氏と同期でした。ところが、この鈴木裁判長の訴訟指揮に対し、塩沢弁護士は控訴審の初期の段階で、「以前はあんなやつではなかったんだけどなぁ」とこぼすようになります。

東京高裁前で注目と支援を訴える。

一審で土俵際でのうっちゃりとも言うべき逆転判決となったものの、支援者の落胆はなく、傍聴席は第一回から満員・抽選となりました。この後の口頭弁論でも傍聴人数は減ることがなく、弁護団は大法廷の審理を再三要請します。しかし、それが実現するには第一六回目の口頭弁論を待たねばなりません。

控訴審において認めさせなければならないのは自殺の予見可能性です。これには、三通りの道筋があります。

まず、Tさんが自殺するかもしれないと思わせる言動・様子があり、これを周囲の人間が予想し得たこと。二つ目は、通院こそしていませんでしたが、その当時の状況からTさんが鬱病を発症していたことが認められること。そして三つ目は、自殺の予見可能性を証明する必要の無い程の激しい暴力やいじめがあったと判断される場合です。

弁護団は、この三つの道筋をたどっていくことになります。しかもこの三つは、相互に関連しています。いじめ・暴力はTさんだけに向けられたものではありませんでした。隊員の証言がより明らかになれば、その当時のTさんの様子もその中で語られているはずですし、精神状況が、危機的であったことも証明されてきます。それらを明らかにする資料を出させることが最大の焦点でした。

「たちかぜ」艦内では、事件後、乗員全員からアンケートをとっています。艦内生活実態アンケート（以下アンケートと略。六〇ページ参照）と呼ばれているものです。

それを下敷きにして、答申書が書かれ、その答申書を基に事故調査報告書が作られるという順序になっていました。しかし、答申書に書かれていながら事故調査報告書には、記載されていない事件がいくつもありました。自殺直前までサバイバルゲームが行われていたことも書かれていません。その答申書自体証拠として提出されたのは、たったの六七通です。さらに、答申書は、隊員個人が書いたという建前になっていますが、アンケートに基づいて、上官が対面する形で記載させており、自由に書ける環境ではなかったという証言もあります。これらから、答申書は、数あるアンケートの中から国側に有利な、つまり自殺をほのめかすような発言がないものを選んで書かせたのではないかという疑惑が生じます。もしそうならば、それをもとにした事故調査報告書は、海自が恣意的に事実をねじ曲げて作文したということになります。その可能性は極めて高いのですが、いざそれを証明するとなると、どうしても原資料であるアンケートを見ることが必要です。しかし、国は原告側の追及に対し、「用済み後破棄した。だれがいつ破棄したのかは不明」という回答を用意していました。「用済み後破棄」なる規定は「海上自衛隊文書管理規則」には存在しません。存在しない規定を持ち出してまで、資料はないと言い切る国側の態度に、疑惑はいよいよ深まるばかりですが、当の裁判長はというと、ないものは致し方ないというやる気の見えない態度での訴訟指揮に終始したのです。

もともと、控訴審というのは、新たな証拠が提示されない限り、一審の判決を踏襲しようとするものであり、一回目で結審という例もまれではありません。アンケートが出されなければ、早々と結審となる可能性があります。国側は思ったでしょう。「このまま、しらを切り通せば勝てる」と。

いつ結審になるかわからない危機的とも言える状況で、支える会は署名活動を始めます。「十分な審理を求める署名」です。これが、高裁宛に出した一回目の署名でした。短期集中で集められた署名は、六万一四九一筆にのぼりました。

逃げの一手を決め込む国側とやる気の無い裁判長、しかし、それらを横目に見ながら、岡田弁護団長は、まだ誰にも明かしていない隠し球を握っていたのです。

8—三等海佐の内部告発

一審段階でもアンケートの存在が注目されていました。しかし、二〇〇八年二月東京高裁が国に文書の提出命令を出すも、アンケートについては破棄済みであることを理由に提出されませんでした。この年の七月、一審の初期の段階で国側の代理人を務めていたA三等海佐は、アンケートの存在を認めるよう防衛省に公益通報していました。そのA三等海佐から岡田さん宛に手紙が届いたのは一審判決の直後でした。

後に内部告発として、実名入りの陳述書を書き、国がアンケートの存在を認める大きな動きを作ったA三等海佐ですが、この頃は、それを公にするかどうか迷っていました。懲戒処分を受ける恐れ、家族ぐるみ抹殺されるのでないかという恐怖心に駆られながらも、一方で、自衛隊はうそを言ってはいけないのではないかという思いとの葛藤の中にいたのです。悩みながらも、地裁判決の日に、上司に対してアンケートの存在を認めるよう進言したところ、帰ってきたのは「もう遅い」という言葉でした。この時、心は決まりました。「遅いはずがない」。

岡田弁護士は最初に手紙をもらったときは「何が狙いなのか」という疑念を抱きました。仮にも一審で国側の代理人を務めていた人間である、それが敵側とも言える自分に手紙を書いてくるとはどういうわけか？　しかし会ってみて、公務員としての使命と職務に忠実であろうとする思いが伝わってきます。彼の言っていることが、自分の思い描いていたものとぴったりと符合することに意を強くし、それ以後、誰にも明かさずに、A三等海佐の告発をどう活かすか、その方法と機会を探り始めます。

第三回口頭弁論の後、東京で報告集会を開催した時、岡田弁護士はこう言います。「私は常々、証拠は天から降ってくると言っている。しかし、何もせずに黙って降ってくるわけではない。ここはどうなっているか、これはなぜなのかというように天を突かなければ降ってこないのである」。

一審の文書提出命令で、事故調査結果報告書が二通あることがわかっていました。最初の一般事故調査結果の決裁が下りたのが、二〇〇五年一月一八日横監察第一〇七号です。ところが、これが取り消され、横監察第一六六号として一月二七日に二度目の決裁が下りています。この間に何があったのでしょうか。実は一月一九日に暴行を働いたS二曹の刑事裁判が行なわれ有罪判決が出されているのです。

「答申書」の作成日時は一月一一日から一月二五日までの間になっていますが、一八日以前に作成されたものは七通しかありません。残りはすべて一月一八日以降に作成されていたのです。刑事裁判ではTさんへの暴行・恐喝は起訴事実になっていません。しかし、裁判長は、Tさんの自殺を意識して「刑事裁判は氷山の一角」と指摘しました。これを受けて自殺との関連を薄めるために答申書は書き換えられ、さらに事故調査報告書も書き換えられたのではないでしょうか。

岡田弁護団長は、第四回口頭弁論の締めくくりにこう追及しました。「こちらが証人申請している事故調査責任者Y一等海佐は、今は退職して当時のことは記憶がないとの意見を述べているが、輸送艦『くにさき』の艦長だった二〇〇六年六月二八日、艦長室で事故調査報告書の件で事情聴取を受けていますよ。この事実を前提に本人に本当に記憶がないのか確かめてください」。気にとめる人も少なかった発言でしたが、A三等海佐の他、数人しか知らない事実でした。

第五回口頭弁論が開催されたのは二〇一二年の四月一八日。

東京高裁前で裁判所に来た人々に支援を訴える。

傍聴人の大半は、この日、事故報告書の担当者であるY一等海佐の証人採用を求めることから始まると思っていました。今日で結審はないだろうという挨拶代わりとも言える話題が、この日は力強く交わされていました。しかし、岡田弁護団長が始めた陳述は、誰にも理解不能なものでした。

「本日、甲八二号証を提出します。作成者は経歴をご覧いただければおわかりのように、現職の自衛隊員で、しかも、一審で国側指定代理人であった方です。アンケートは破棄されておらず、その他いくつかの文書を自衛隊は隠しているという衝撃的な内容となっています」。

どういうことなのか？　傍聴席では皆とまどいの顔を見合わせます。国側の代理人は、俯いて書類に見入っているようです。原告側弁護団は、国の代理人、裁判長らの次の言動を見逃すまいと厳しい表情で成り行きをうかがっていました。突然裁判長が、合議しますと言い、左右の陪席を連れて席を立ちました。裁判長もどうやらことの重大さを半分ほどは認識したのでしょう。おそらく

艦内生活実態アンケート

所属　　　　分隊　　　班
階級
氏名

アンケートの目的

本アンケートは、艦内において暴行等の行為がどの程度おこなわれていたのか、その実態の把握を目的としています。任意の記述ですが、ありのままの記述をお願いします。逮捕されたS2 曹に関するものも記入して下さい。

※紙面が足りない場合は、裏面を利用　【プライバシーは守ります】

1. あなたは、いつ「たちかぜ」に乗艦しましたか。
   平成　　年　　月　　日付

2. あなたは、他の乗員から暴行を受けたことがありますか。(該当に○印)
   ない　　　ある
   ある場合は、次について簡単に記入してください
   いつ
   どこで
   だれから
   どのように

3. あなたは、他の乗員に対し暴行をしたことがありますか。(該当に○印)
   ない　　　ある
   ある場合は、次について簡単に記入してください
   いつ
   どこで
   だれから
   どのように

4. あなたは、乗員どうしの暴行を目撃したことがありますか。(該当に○印)
   ある場合は、次について簡単に記入してください
   いつ
   どこで
   だれから
   どのように

5. 乗員どうしの意に反した物品の(押し売り的な)売買について(該当に○印)
   売り買いしたことはない
   売りつけたことがある
   買わされたことがある
   他の乗員の売買を見たことがある

— おわり　／　ご協力ありがとうございました。

この時にこの控訴審は簡単には終われないという感想を持ったに違いありません。国側に、今回の陳述書について次回までに反論を提出するように言い、その後あらためて証人申請について結論を出すということでひとまずこの日の口頭弁論は終わりました。弁論後の集会では、内部告発があったこと、それも、一審の途中まで、国側の代理人を務めていたA三等海佐からなされたものだったこと、これで国側は文書の隠蔽を行っていたことは確実となったということが報告されました。

このような展開になることは誰も予測してはいませんでした。事態が急変したことは何となくわかっても、告発の全容を把握できた人は、この時点ではまだ多くはなかったと思います。

文書もまだ提出されたわけではありません。国はどういう反論を用意してくるのでしょうか。内部告発をした三等海佐はまだ現職の自衛隊員です。身に危険が及ぶこと、不利益がもたらされる可能性もあります。岡田弁護団長は、口頭弁論の最後に国側代理人に対し、「この勇気ある告発をしたA三等海佐に対し、そのことを理由に不利益な取り扱いは絶対に許さない。もしそういうことがあれば、我々は大きな声と力でそれに対して抗議批判する」と強く警告しました。そして、もちろん、裁判の行方もまだ楽観視はできない段階だったのです。

9—内部告発の陳述書

ここから、第五回口頭弁論で提出されたA三等海佐の陳述書の概要を、時間を前後させながら紹介しておきます。

話は、アンケートが破棄されるわけがないということから始まります。

一九九七年に発生した護衛艦「さわぎり」における三等海曹自殺事件で、海上自衛隊はK弁護士の指導の下、事故調査を行いました。その際、K弁護士が、事故調査報告書の完成後、下資料の破棄を命じるという事実がありました。ところが、「さわぎり」裁判において下資料がないことが逆に不利に働くことになります。そこで、その後は、自衛隊では事故調査の下資料は破棄しないようにしているというのです。

A三等海佐も、二〇〇三年一月に、当時の法務室長S一等海佐から、次のように言われました。「海幕監察官室（海上自衛隊においては海幕監察官室及び各総監部監察官が事故調査を実施する）から二月に行われる監察官講習において『事故調査と民事訴訟』というテーマで法務室から発表してほしいという依頼を受けた。『さわぎり』訴訟においては、原告側から事故調査報告書と民事訴訟の観点の違いから攻撃を受けるきっかけが生じたという内容を盛り込んで、君から発表してほしい」と。さらに、隣にいたN民事法務官からも「『さわぎり』事案では、K弁護士の指示で下資料が破棄され、訴訟で事故調査報告書の記述の根拠を問われた際苦労しているので、事故調査の下資料を破棄しないよう発表の場で言って欲しい」と念を押されたのです。

A三等海佐は、これらの内容を盛り込んだ監察官講習を二〇〇三年から二〇〇六年までの四回にわたって行いました。そして、ここからが重要なことですが、たちかぜ事件の事故調査委員会で首席事故調査委員を務めたY一佐も二〇〇四年二月と二〇〇五年二月の二回、この講習を聞いているに違いないというのです。ということは、たちかぜ事件の調査にあたって、部下に「下資料は破棄せず必ず保管しておけ」と命じているはずであり、また、事故調査結果が完成した直後の二〇〇五年二月の講習会の後、「Y一佐から『艦内生活実態アンケートを破棄してしまった。どうしたらいいだろう』という質問・相談もA三等海佐は受けていないことから、アンケートは破棄されずに保管されていると考えるのが自然で、防衛省・海上自衛隊側が下資料の一部を破棄したと主張しているのは奇妙だと言うのです。

次いで、時間は進み二〇〇六年四月五日、この日は「たちかぜ」裁判が始まった日、つまり、Tさんの両親が、加害者の元二等海曹と国を相手取って民事訴訟を提起した日です。提訴を受けて、A三等海佐も国側の指定代理人の一人となります。そしてこの翌々日の四月七日、海幕総務課情報公開室のN二等海佐から海幕法務室に電話がかかります。A三等海佐はT民事法務官とともに情報公開室に行きます。ここで、N二等海佐は二人を前にしてこう言いました。

「『たちかぜ』訴訟原告から情報公開請求を受けている」「艦内生活実態アンケートは存在しているが、破棄したことになっているのでフォーマットだけ開示した」。

A三等海佐は二つの点で違和感を覚えます。まず、第一点目は、情報公開請求者のプライバシーは守られなければならないのに幹部が他の課の人間に個人情報を漏らしたことです。防衛省・海上自衛隊は二〇〇一年に情報公開請求者の個人情報をリスト化して情報保全部隊等に横流しするという「リスト事件」を起こし厳しい批判を受けました。にもかかわらずまだ反省せずにこんなことをやっているのかという思いが起きたことからその言動をよく覚えているとA三等海佐は振り返ります。そして二点目は、誰もが思うでしょうが「破棄したことになっている」とはどういうことなのか？　そんな権限は誰にあるのか、そのようなことを思いついたのは誰なのかということです。A三等海佐はこのような違和感を覚えながらも、「階級が上にある相手があまりにも堂々と語るのに圧倒され、反論することができなかった」と、後に証人尋問で述べています。

アンケートの件はまだ終わりではありません。四月二〇日、D事務官、この人は海幕法務室から指定代理人となったA三等海佐と違って、横須賀地方

防衛省

横須賀地方総監部。桜３つの旗は海将旗（旧日本海軍の海軍中将に相当）。

総監部総務課から指定代理人となった人で当時法務係長でしたが、そのD事務官が海幕法務室にたちかぜ事件に関する資料を持ってやってきます。法務室ではそれのコピーをとりましたが、厚さ七㎝くらいのA４チューブファイルで二冊分という決して少なくない分量でした。その中にアンケートがあることにA三等海佐は気付きます。「なるほど、破棄したことになっているというのはこういうことか」。

その資料の中には、Tさんの預金通帳や金融機関とのやりとりの文書、自殺前夜の同僚の供述（Tさんが自殺をほのめかしていた）が書かれた文書もあったといいます。この供述は、「自殺の予見可能性」という点で国に不利に働くかもしれないという危惧をこの時抱いたとも言っています。

訴状が届いた後、海幕法務室と横須賀地方総監部は対応を協議しています。その際、「借金が自殺の原因である」という主張をしてはどうかという意見も出たようです。また、五月に開かれた法務局側の代理人である訟務検事を交えた会議でも「借金原因方針」が出されたといいます。A三等海佐は、それに対し、事故調査結果では自殺原因を断定していないのに訴訟上で「自殺の原因は借金」という主張をするのは難しい、Tさんの両親から加害者の二等海曹の責任を追及するため提供した資料を流用するのは個人情報の目的外使用になる、死者にむち打つような主張は逆に攻撃材料になる、という点で、懸念を伝えたとのことです。

口頭弁論が開始されました。ここで、一審のこの時の状況を思い出していただきましょう。原告側は、国が握っている資料を何とか公開させようと様々な方法を駆使していました。二〇〇六年の五月三一日に開かれた第一回の口頭弁論で、原告側は「情報公開請求を行ったが十分な情報は得られなかった」として文書提出命令の申し立てを行います。これを受けて、国側としても、これまでどのような請求があり、どの部分を開示したか、どの部分をどのような理由で非開示としたかなどを調べ、調査する必要に迫られました。この調査の段階で、A三等海佐は、開示請求の対象文書（たちかぜ事件に関する文書一切）であるにもかかわらず、開示されなかった文書が、アンケート以外にも大量に存在することに気がつきます。さらに下資料に記載があるものの事故調査結果では無視されている事件が大量にあることも気付いたといいます。たとえば①二〇〇五年一〇月一九日のマグライト（夜間の警備等に使用される棒形の懐中電灯）殴打事件、②艦上体育中にS二等海曹が旗甲板から銃を撃ったこと、③一〇月二四日のサバイバルゲームなど。特に①と③は事実を認定しなかったのみならず証言があったこと自体を否定しているものであるため、強い違和感を覚えたということです。

A三等海佐は、当時の責任者、Y一等海佐に電話で事情を聞いたところ、忙しいので調査結果を読んでくれということだったため、横須賀地方総監部のD係長を通じて調査報告の案のコピーを入手したところ、報告には一次案から七次案くらいまであったというのです。そして、最初の案では前述の①、③の事件も書かれていたのに、それが案を重ねるごとに事件の記述がどんどん少なくなっていることに気づきました。誰かが、自衛隊に都合のよいシナリオを書き、それに見合わないことは消していったのではないかという疑念をA三等海佐は抱くに至ります。

二〇〇六年六月二八日、A三等海佐は、M専門官、D法務係長とともに、Y一等海佐の勤務先である佐世保の輸送艦「くにさき」に赴き、事情を聞くこととなります。これが岡田弁護団長が第四回口頭弁論で指摘した事実です。Y一佐は「海幕法務室や内局から事故調査結果の案に記載した事件について、『根拠はあるのか』『裏はとれているのか』と厳しく問われ、結局証言の少ない事件から順に削らざるを得なくなった」という内容を答えたといいます。証人申請に対する国側の意見書では、Y一佐からの聞き取りとして「本件から数年経過し、今は退職の身で、事故調査結果が作り直された経緯等は記憶にない」となっています。しかし、二〇〇六年六月の事情

大型揚陸艦「くにさき」(LST4003)。乗員135人、全長178m、幅25.8m、基準排水量8900トン。防衛省は輸送艦としているが、国際標準では、LST = Landing Ship Tank =戦車揚陸艦に分類される艦種である。海自の艦艇ではじめて全通飛行甲板を採用。写真はスマトラ沖地震の被災者救援のため出動準備中の2005年1月に横須賀基地で撮影。

聴取の際は、一年以上前のことを鮮明に覚えており、その後忘れたというのは実に奇妙だと、A三等海佐は述懐しています。

話は自殺原因調査に進みます。二〇〇五年三月、弁護士でもある照屋寛徳衆議院議員が、内閣に提出した質問主意書に対する首相答弁で「自殺原因の調査究明」の約束を取り付けています。海幕側からは、自殺原因が借金苦であるとする案が何度か出ますが、結局、「断定できない」として、採用されていません。正式な防衛省見解とならなかったにもかかわらず、その途中から、国側は借金苦が自殺の原因と主張し始めます。しかし、元々Tさんの預金通帳は、S二曹の恐喝の証拠として出されてきたものですから、これを証拠として自殺原因に言及するとすれば、個人情報の流用・目的外使用となるので大きな問題です。このような流用の事実を隠すために、客観的資料は一切提出せずI砲雷長の証言のみを立証方法としたのです。

A三等海佐は、二〇〇七年一月一〇日に情報本部分析部に異動になります。つまり、国側の指定

補給艦「ときわ」。乗員140名。全長167m、幅22m、基準排水量8150トン。横須賀吉倉桟橋で。インド洋での洋上給油活動に6回出動。3回目の出動がイラク戦争の開戦時期と重なった。空母キティーホークへの間接給油疑惑が国会で追及された。

代理人を外れることとなりましたが、存在する文書を隠していることについて、ずっと心に引っかかっていたといいます。しかし、それを公にしても、その事実を証明できなければ、自分がウソをついていることになる。そうすると、自分も家族も破滅してしまいかねない……。毎日が葛藤の連続であったに違いありません。

そんな折、インド洋上の補給活動において、米軍に給油した燃料八〇万ガロンを二〇万ガロンと偽って報告したことが発覚し、海上自衛隊が謝罪するという事件が発生しました。A三等海佐は、今後、ウソが発覚すれば、自衛隊は認めて謝罪するのではないかという期待を持ちます。

A三等海佐は二〇〇八年七月に、アンケート等が隠されていることについて、公益通報を行います。しかし、翌二〇〇九年一月に返ってきたのはそのような事実はないという内容の調査結果でした。そこでA三等海佐は、一審判決の日の二〇一一年一月二六日に上司と面会し、アンケートの存在を認めてはどうですかと迫りましたが、上司は「もう遅い」

とその申し出を一蹴したのは前述の通りです。

そこで、三等海佐は、情報公開請求に踏み切ります。「このまま防衛省・海上自衛隊が不利な事実・不利な文書を隠したまま『不正な勝利』を得てしまうことが我慢できなかった」のです。この情報公開請求は、一度不開示決定されましたが、異議申し立てにより情報公開審査会に送られ、同審査会は、二〇一一年一〇月二一日、

「個々の職員の対応の問題に止まらず組織全体として不都合な事実を隠蔽しようとする傾向があったことを指摘せざるを得ない」として文書の開示決定をすべきという答申を行っています。

話を裁判に戻しましょう。国側から二〇一二年五月二五日に、A三等海佐の陳述書への反論が出されました。しかし、それは論理も何もなく、言い訳にすらならないものを並べただけのものでした。たとえば、「この陳述があっても自殺の予見可能性には影響ない」「今までも国は、不利な資料であってもたくさん出している」などです。言うまでもなく、それは隠していたことの理由になっていません。さらに、「Y一佐はA三等海佐が講師となった講習会に出ているかどうかわからない。出ていたとしても講習で言われたとおりやる必要は無い」とまで言う始末です。ここに至っては、海上自衛隊は、貴重な税金を使って無駄な講習を行っているといっているに等しいことになります。遺族の情報公開請求について「アンケートはないことになっている」と言ったN二等海佐の発言についても、「そのような発言をするはずがない」と否定します。このように三等海佐の証言はすべて事実ではないと居直る国に対し、原告側

「いじめ示す文書隠ぺい」

海自を3佐が告発

自殺訴訟

海上自衛隊の護衛艦「たちかぜ」の乗組員だった1等海士の男性（当時21）が自殺したのは先輩だった元2等海曹のいじめが原因だとして、遺族が国と元2曹に約1億3千万円の損害賠償を求めている民事訴訟の控訴審で、「海自側はいじめの実態を示す文書を隠している」と告発する現役海自隊員の陳述書が東京高裁に提出されていたことがわかった。

海自側は「破棄した」と説明し、文書の存在を認めていない。遺族側は隊員を証人申請しており、18日の弁論で高裁が採否を決める可能性がある。

男性は2004年10月、東京都内で電車に飛び込んで自殺した。昨年1月の一審・横浜地裁判決は「いじめが原因」と認める一方、「自殺を予見できなかった」として賠償額を約440万円にとどめた。控訴審では、上官らが自殺を予見できたかが争点となっている。

遺族側の弁護士によると、「文書隠し」を告発したのは男性3等海佐(45)。3佐は一審の途中までこの裁判の海自側の担当者で、内部の文書を見られる立場にいた。

海自は自殺直後、乗組員全員に艦内での暴行や恐喝の有無や内容を尋ねた「艦内生活実態アンケート」を実施していた。遺族側はいじめの実態が書かれているとみて、提訴した06年に開示請求をしたが、海自は「破棄した」と回答した。

しかし、3佐は陳述書で、回答の後にアンケートを見たと明言。当時の情報公開担当者が「アンケートは今も存在しているが、破棄したことになっている」と話したと証言している。さらに、他にも海自が存在を隠した文書が7点あり、自殺直後にいじめをした元2曹や同僚隊員から聞き取りをしたメモなどが含まれているとしている。陳述書は「ウソをついていたことを認め、文書を出して下さい」と結ばれている。

これに対し、国側は文書の存否は触れず、「裁判の判断に影響する内容ではない」などとする意見書を高裁に出している。（[illegible]）

「たちかぜ」事件と隊員の自殺

2004年11月、たちかぜ乗組員の2等海曹が、後輩隊員らをエアガンで撃ったりアダルトビデオの買い取りを強要したりしていたことが発覚。同年10月に自殺した1等海士の男性も被害者の一人だった。2曹は暴行と恐喝の罪で懲役2年6カ月執行猶予4年の有罪判決を受け、懲戒免職となった。

朝日新聞
2012年6月18日付

はすぐに再反論を提出し、この日の口頭弁論に臨んでいました。

第六回口頭弁論（二〇一二年六月一八日）の日の朝刊に、A二等海佐の内部告発が大きく取り上げられていました。口頭弁論での追及に国側代理人は、下資料はないと言い続けましたが、ついに一部メモ、あるいは手控えなら存在すると答えざるを得なくなります。岡田弁護団長はここぞとばかり裁判長に進言します。神原弁護士も「裁判長、これまで、国は裁判所をも欺いてきたんですよ。文書をすべて提出するよう勧告したらどうですか」。しかし、裁判長は俯きながら「そうするつもりはありません」と、この時ばかりは、はっきりと断言しました。

10—訴訟進行に劇的変化

次の日の朝刊も、第六回目の口頭弁論を伝える記事が掲載されました。もはや防衛省も、持ちこたえられないと腹をくくったのでしょう。口頭弁論から三日後の六月二一日、海上自衛隊幕僚長は突如記者会見して、アンケートの存在を認め謝罪しました。ただ、往生際が悪いと言うか、文書管理の不適切さは認めたものの隠蔽したことは認めませんでした。横須賀総監部の監察官室のキャビネット中の個人ファイルから見つかったという説明に終始したのです。弁護団からその他の文書も含め文書提出命令申し立てが六月二九日になされます。それに反論する意見書は七月一〇日までに提出するよう求められていましたが、進退窮まった国は、七月六日、まず一四点の証拠書類を東京高裁に提出し、そして八月三〇日には、「文書が見つからなかった」ことについて調査報告書を提出します。
さてその一四点の資料の中には、「危うく破棄を免れた」アンケートも含まれていました。そして、N士長からのものと思われる聞き取り調書も提出されます。「思われる」としたのは、証言者が黒塗りされて提出されたからですが、前日、Tさんと居酒屋で飲食を共にし、自殺について打ち明けられたという内容からN士長であることは明らかでした。N士長は思いとどまるよう説得し、自宅に連れ帰ったことなどが記載されています。この件は、二〇〇七年の国側の代理人が集まって訴訟の方針に関する会議を行った折、「予見可能性」の点で不利に働くことになるという懸念の材料になったものです。そのこともあって、N士長が一審の証人尋問でこのことを述べた際、国側の代理人は、「そのような供述内容を記述した文書はない、偽証だ」と執拗に攻撃したのです。自ら隠しておいて、でっち上げたのではないかと詰め寄るという手法を国は行っていたということになります。

また、書き直された事故調査報告書の最終案1と最終案2も提出されました。最終案2には、1に記載されていた、Tさんへの暴力行為の様子、頻度などが削除されており、隊員に聞き取りを行ったことも削除されていました。

隠されていた文書が提出され、Tさんの自殺に至る状況が明らかになってくることは控訴審における審理が原告の勝利に近づくことになります。しかし、原告にとっては、その資料を読み進むにつれ、当時のTさんの置かれた状況があらためて胸に迫ってくることになります。それ

提訴６周年集会で報告する塩沢弁護士（横浜開港記念会館）。

は、耐え難いことでした。

八月二二日、横浜で提訴六周年の集会が開催されました。原告は、Tさんの自殺直後、その衣類が引き渡された時のことを思い出しながら、涙ながらに語ります。

第七回の口頭弁論は二〇一二年九月一二日に行われました。この日、原告側は「訴えの変更」(請求の趣旨拡張)を申し立てます。つまり、もし、隠されていた資料が一審の段階で提出されていたら、裁判は早期に終結し、亡くなったTさんの父親も生きて勝利判決を聞いたかもしれない。訴訟における心労が死期を早めたのは明らかである。また、残った原告も資料隠蔽により受けた精神的な苦痛は計り知れないとし、証拠隠蔽により受けた精神的被害の補償を追加して求めたのです。

国側は、「訴えの変更申し立て」に対し、「資料隠蔽の事実はない」「事故調査報告は自殺の原因を究明するものではない」という反論を行います。さらに「サバイバルゲームには、いやいや参加させられてはいない」と証拠資料によって明らかになったことまで否定しようとする始末でした。また、A三等海佐の証言は信用できないとし、この後の弁論を、その信用性を否定することのみに集中させていきます。

七月に出された文書一四点も、九月に出された一九五点もともに依然として黒塗り部分が多く、その発言者が、自殺したTさんとどういう関係にある人なのか、どの証言が責任ある部署に就いている人からなのかなどが全くわかりません。国側は「ここで氏名を開示すると、同様の聞き取り調査が今後できなくなる恐れがある」と反論しますが、裁判長も「趣旨が異なる」として取り上げず、黒塗りを解除したものを再度提出するよう求めました。さらに、国側に対して、「訴えの変更」に対して立証する用意があるのかと質問します。これは、二〇一三年三月に行われた第一〇回の口頭弁論の際のことです。裁判長の訴訟指揮が、明らかに変わってきました。国側が立証するということになれば、その過程で証人尋問もされるということなのです。

早期結審の心配は無くなりました。原告側は文書の黒塗りを解除させ、証言が自殺の予見可能性を裏付ける証拠であることと、国が証拠の隠蔽を諮ったことを立証することを方針とします。それには証人尋問、特にA三等海佐のそれを何としても実現させねばなりません。その実現を求めるため、控訴審に入っての二回目の署名活動が始まります。

一方国側は、文書の隠蔽問題についての再調査に時間を要するとし、訴訟の進行のスピードがダウンしていく事態になります。裁判長は明らかにいらだちを見せていました。口頭弁論期日は二回分の予定が決められます。九月の第一三回口頭弁論では、文書の黒塗り解除が進まず、同一職名で出てくる証言者が、前の証言者と同一人物なのかどうかがわからない有様でした。裁判長も「これではわかりませんね」とあからさまに不快感を示しました。

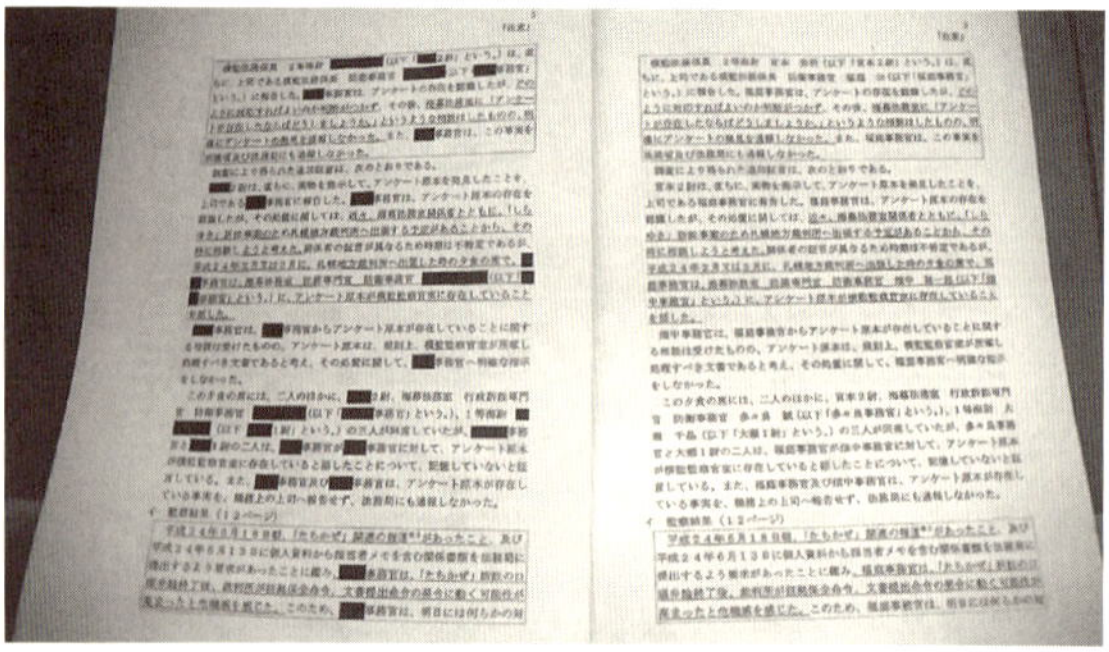

鈴木裁判長が「これでは裁判所もわかりませんね」と訂正をもとめた海自の「調査結果」。

国の再調査とは何なのでしょうか。原告側はこの時期にそれほどの時間を要していることに疑問を抱きます。二〇一二年六月二一日に、海上幕僚長の謝罪で、組織としての隠蔽を否定し個人にその責任を押しつけましたが、それ以上の言い訳は国に残されていないはずです。一部ではA三等海佐への処分を検討しているのではないかという疑念も出されていました。これまで、A三等海佐に対しては、職場の上司からの「証言するならば辞めてからにしろ」という発言があり、また、訴訟関連文書のコピーを職務から離れた後も返還せず保管していたこと、使用していた資料のコピーを行政文書として登録していなかったこと等を理由に処分を検討していたことも、後になって明らかになります。もちろん、このような脅しめいた言動に、屈するわけはありません。公益通報や内部告発を行うものにとって、自分の主張を裏付けるものを確保するのは当然の権利ですし、とった資料のコピーを登録していないことで処分されるなら、今まで何百人も処分しなければならないでしょう。まして、A三等海佐は文書管理責任者ではないのですから。後にA三等海佐は、自分に対しての攻撃や誹謗が高まる度に、かえってガソリンが心に注ぎ込まれるように意気が高揚していったと法廷で証言していました。

実は、内部告発直後の六月一八日の第六回口頭弁論の後に、海幕法務室の事務官が横須賀総監部の事務官に「アンケートの原本を隠密に破棄するよう」促すという事件が起きていたのです。「破棄したことになっているのだから今更存在することにしなくてもいいと言われた」、横須賀総監部の事務官が最後にそう証言を訂正したことで海上自衛隊内部はまたも大騒ぎになったということでした。幕僚長が謝罪する裏側でそんなことが起きていたとは当時知るよしもありません。自衛隊内部の闇は底知れぬとの思いを支援者は一様に抱くのでした。

11—海幕・情報公開室の担当者等を証人採用

黒塗り問題も一段落して、ようやく証人尋問の採否にたどり着いたのは、二〇一三年一〇月二一日の第一四回口頭弁論でした。

採用されたのは、A三等海佐（原告側申請）、N元二等海佐（原告・被告両方の申請、元情報公開室勤務）、D防衛事務官（国側申請、A三等海佐と同時期に、横須賀地方総監部総務課法務係長として訴訟を担当する）の三人でした。他にも原告側は事件当時の分隊長、班長を証人として申請していましたが採用されませんでした。原告側として

東京高裁の姿勢が大きく変化した第14回口頭弁論。報告する田渕弁護士（日比谷図書文化館）。

は、新たに提出された証拠を基に直属の上官から、当時のTさんの状況を十分把握できたことを引き出し、「自殺は予見可能であった」ことをこれら証人で証明するはずでした。

しかし、一方で国側は、文書開示以降の準備書面では、自殺の予見可能性については言及せず、A三等海佐の証言の信憑性についてのみあげつらうという方法に切り替えていました。

自殺の予見可能性については、国は積極的に争うことをしないので証人尋問までする必要は無い、証拠の隠蔽についてのみ証人調べをするという姿勢を裁判長は明確にしたということを意味します。岡田弁護団長は、この証人採用の判断を見て、自殺までの責任を認める判断が出ると確信しました。

また、裁判長は、証人尋問に何回も期日を割くつもりはなかったようです。つまり、この時点で彼は、現在の構成体で判決を書く決意をしたようです。鈴木健太裁判長は、定年退職まで一年を切っています。主任の左陪席の中村さとみ裁判官（実際に判決を書く役割）も、異動時期が迫っていました。裁判長はこの日、一気に結審までの日程を決め、可能な限り、大法廷を用意するとまで言い切ったのでした。

「最終弁論は一月二七日。証人尋問の速記録は間に合わないかもしれませんが、そのつもりで最終準備書面の作成を準備してください」。原告側にとっては、現在の構成体は、厳しく批判もしてきましたが、今までの裁判の過程も熟知しており、この間の訴訟指揮も十分信頼の置けるものであったことから、この訴訟指揮を受け入れることにしました。

証人尋問は一二月一一日と一六日の二回にわたって開かれました。しかも一六日はようやく一〇一大法廷での開催です。どちらも一〇〇人を超す傍聴希望者が出ていることを考えれば当然のことです。開廷前に、報道用に二分間の法廷内撮影が許可されたことも、証人尋問の意味の大きさを物語っていました。国民が注目する裁判となった証拠でもありました。

A三等海佐の陳述については先に詳しく書いてありますので、ここでは繰り返しません。言葉は丁寧ながらも誠実に受け答える様子は、裁判官に必ずや好印象を与えたのではないかと誰もが確信しました。証言の最後に彼が言った言葉のみを引いておきます。

自衛隊はうそを言ってはいけない組織です。だから私は国民のために証言しました。原告のためではありません。原告は私に感謝する必要は無いのです。自衛隊は実力部隊で秘密保全に努めねばならないのですが、一方で、民主主義国家として国民の知る権利は存在します。すべての自衛官はその秘密保全と知る権利の狭間で悩みながら仕事をしています。これからも悩み続ける自衛隊であってほしい。

一方で、N元二等海佐、D事務官の証言は、自分の仕事に対する責任感や誇りについてどのように思っているのか疑問を感じざるを得ない内容でした。

N元二等海佐は、原告がたちかぜ事件関係資料の情報開示を求めたときの担当官だったことはすでに述べました。尋問担当は阪田弁護士です。

ここでの争点は、情報公開室が「アンケートは破棄したことになっているのでフォーマットのみ開示する」ことを、海幕法務室をわざわざ呼び出して告げたことを認めるかということでした。

右：N元二等海佐の証人訊問を担当した阪田弁護士（故人）。
左：D防衛事務官の証人訊問を担当した小宮弁護士。

N元二等海佐は「呼び出していない。海幕からどんな文書が請求されているか知りたいと言ってきた」と答えます。しかし、提訴が四月五日で、そのわずか二日後、訴状も届いていない段階で法務室からそれを聞きに来るというのはあまりにも不自然です。

さらに情報開示請求に対する隠蔽工作も何とか繕おうとしますが、そうすればするほどつじつまが合わなくなるというていたらくでした。

二〇〇五年四月に出された情報開示請求に対して同年五月、開示決定の延長を行うという事実がありました。理由は他の課との調整が必要ということでした。ところが尋問で「他の課との調整はしましたか?」と聞かれ「していない」と答えます。「では開示決定延長の理由は何か?」と聞かれると答えに窮し「記憶にない」を連発します。「当該の文書が存在しない場合は『不存在』、破棄した場合は『破棄』と書かねばならないのではないですか、破棄の場合は必ず廃棄簿に記載があるからそれを確かめて回答しなければならないのですよ」という追及には正面から回答できず「フォーマットのみ開示した」と繰り返すのみでした。規程違反の文書処理をしたということになりませんかと、問い詰めると、「様式と本文は不可分であると思う」という答えにならない返事をする始末でした。

またD事務官は、A三等海佐のいる海幕法務室に、アンケートを含む訴訟資料を届けたその人です。資料は、D事務官の証言によれば一〇㎝くらいの厚さの青色のチューブファイル二冊だったとのことです。一方アンケートは一九〇人分が各二枚つまり三八〇枚です。優に持ち込んだ資料の半分はあるかと思われます。しかし、D事務官はそのアンケートの存在に気がつかなかったと証言します。D事務官はその資料に何度も目を通しているとも法廷で証言しました。気付かないということがありうるでしょうか。また、D事務官はA三等海佐と共に、事故調査報告書を作成したY一等海佐を輸送艦「くにさき」に訪ねています。調査報告書とアンケートとの間の矛盾を問いただすためでしたが、何の目的で行ったのか、何をそこで話したのかは、全く記憶が無いと言い張ります。電話でアポイントを取ったのはD事務官以外に考えられませんが、それも記憶にないと証言します。これらの証言を裁判官がどう受け止めたか、それは判決によって現れることになります。

支える会は、結審を前に最後の署名活動に入ります。その署名用紙はこれまでの、事件の発端、一審、二審の経過を網羅したチラシともリーフレットともいえる異色の署名用紙となりました。協力してくれている労働組合の一部からもこれでは回せないとクレームがつくほど斬新な、見方を変えると変わった装いのものでした。しかし、その署名要請に対し、三ヶ月あまりの短期間ながら五万筆を超える数が集まります。この問題への関心の高まりを感じさせました。

そして結審の日の最終陳述。原告であるTさんのお母さんが、「残された人生を歩んでいける判決を」と訴え、父親から原告資格を受け継いだお姉さんが「国が責任を認めて謝罪をして初めて弟の死を事実として純粋に悲しむことができる」と続けます。国側は何も陳述せずに終わりました。いやできなかったと言うべきでしょう。

「法廷でやれることはすべて終わりました。これからの主戦場は法廷外です」。岡田弁護団長は、報告集会でこう結びました。

東京高裁に提出する署名の最終確認をする「支える会」のメンバー。

たちかぜ裁判 1月27日結審 緊急署名にご協力を!

「たちかぜ」裁判とは

●2004年10月27日、護衛艦「たちかぜ」の乗組員、1等海士のTさんが自殺に追い込まれました。艦内で上官(2等海曹)から執拗なイジメを受けていました。それは至近距離からガスガンで撃たれるという、信じられないものでした。そのうえ、艦長以下、監督責任のある上官も見て見ぬふりの態度をとり続けたのです。2006年4月5日、Tさんのご両親は損害賠償責任(安全配慮義務違反)を問う訴訟を、横浜地方裁判所に提訴しました。

地裁判決から高裁控訴へ

●2011年1月26日、横浜地裁はイジメと恐喝の放置が自殺の重要な原因とし、国と元2曹に440万円の支払いを命じました。しかし、自殺までは予見できなかったとし、死亡に対する賠償は認めませんでした。ご両親、弁護団は到底納得できず、東京高裁に控訴しました。

現職自衛官の内部告発

●控訴審開始から半年後の2012年4月18日、第一審時の国側指定代理人だった現職の3等海佐が「海上自衛隊は文書を隠している」との陳述書を法廷に提出。3等海佐は隊内の公益通報窓口に証拠隠しがあることを訴えていたのに、1年以上も放置されました。止むに止まれず、公の場で告発することにしたのです。

海自幹部が謝罪、しかし…

●防衛省・自衛隊は、破棄されていたと主張してきた文書が存在することを認めざるを得なくなりました。2012年6月21日、海上自衛隊トップの海上幕僚長が記者会見、その事実を認め、謝罪しました。一方、証拠隠しを内部告発した三等海曹への懲戒処分が検討されていることが明らかとなっています。「謝罪」とは裏腹の、本末転倒の動きと言わざるを得ません。

国側証人、真実を語らず…

●2013年12月11日、3等海佐は証人尋問で改めて、防衛省・自衛隊の証拠隠しの実態を告発しました。しかし、12月16日の証人尋問に立った海上幕僚監部情報公開室の元2等海佐や防衛事務官は、証拠を示されても、「知らない」「記憶にない」を連発、真実を隠し続ける態度に終始しました。

判決前に一人でも、一団体でも多く署名を

●2014年1月27日、最終弁論(結審)となり、いよいよ判決を待つばかりとなります。被告・国側の証拠隠しが明らかとなったことで、裁判の様相は大きく変わりましたが、予断は許しません。最後の一押し、改めて防衛省・自衛隊の責任を明確にした判決を求めたいと思い、一人一筆、一団体一筆の署名集めを呼びかけます。東京高裁(鈴木健太裁判長)に提出する署名です。時間のないところまことに恐縮ですが、事の重大性に照らしぜひご協力ください。よろしくお願い致します。

自衛官のいのちと人権を問う「たちかぜ」裁判
防衛省・自衛隊は、
Tさんを自殺に追い込んだ責任を認めよ!
東京高裁は自衛隊の責任を明確にした判決を

集約先
「たちかぜ」裁判を支える会
横須賀市米が浜通1-18-15
オーシャンビル3F
「じん肺アスベスト被災者救済基金」内
TEL046-827-8570
FAXの方は
046-827-8570
ご協力を!

東京高裁鈴木健太裁判長様
「たちかぜ」裁判において、Tさんを自殺に追い込んだ、防衛省・自衛隊の責任を明確にした判決を求めます。

おなまえ	おところ

支える会の書名用紙

12 東京高裁判決の日──「完全勝利」の垂れ幕

判決の日は四月二三日。この日は数日前から雨模様が続き、高裁前の歩道には大きな水たまりができていました。「司法の玄関口」がこのような有様では恥ずかしかろうと思うのですが、「貧すれど清なるをもって良とする」ということが司法のあり方だと言いたいのかもしれません。もっとも、門の外であるのだから皮肉にしか聞こえないのですが……。

一一時の開廷時には、雨も上がっていました。Tさんの遺影を抱く原告を先頭に弁護団、支える会が行進をして裁判所に入ります。その日も一〇一大法廷が用意されていましたが、法廷に入った数にまさる支援者が高裁の門前で吉報を待ちました。

数日前に行われた最後の弁護団会議では、自殺の予見可能性、証拠の隠蔽の両方が認定されれば「完全勝利」の垂れ幕を持って出てくる、完全勝利以外は上告するということが全員で確認されていました。垂れ幕を持って出てくる役割は阪田弁護士に決まりました。「こういうのは若い弁護士がやることになっているのだけれど、自分はまだやったことがないからな」と阪田弁護士は、この時、笑いながらその役割を引き受けていました。そのわずか八ヶ月後、阪田弁護士は病を得て急逝します。

開廷後数分、裁判所の衛吏に追い立てられるように阪田弁護士が駈けてきます。門を出る。垂れ幕が降ろされる。そこには「完全勝利」の四文字がはっきりと書かれていました。

判決の日の朝、法廷に入場する原告と弁護団、「支える会」。

本件控訴に基づき、原判決を次のように変更にする。
被控訴人らは控訴人（お母さん）に対し、連帯して五四六一万三二一六円及びこれに対する平成一六年一〇月二七日から支払済みまで年五分の割合による金員を支払え、控訴人（お姉さん）に対し連帯して一八七〇万四四〇六円を支払え……。

控訴審判決の主文はこの記述から始まります。被控訴人とは、防衛省＝海上自衛隊であり加害者のS元二曹です。この金額は一審の四四〇万円を大きく上回りました。いじめと自殺との相当因果関係を認めたうえ、自衛隊の安全配慮義務違反も認めたからです。

この稿で繰り返し記載していますが、Tさんは上官との面接の際、ガスガンで撃たれているなどのいじめ被害を訴えたにもかかわらず、上官は何の措置も講じませんでしたし、ガスガンについて注意はしましたが、実際に取り上げることはしませんでした。このようなことは自衛隊であろうがどこであろうが許されないことだとしたのです。O艦長の安全配慮義務違反については認められませんでしたが、当時の艦内の規律が想像以上に緩んでおり、それについての艦長の責任についても判決は相応の指摘をしました。

では、自殺との相当因果関係については、どこで判断したのでしょうか。

判決ではTさんが「S二曹から受けた暴行及び恐喝の被害の内容を告げ、そのことに対する嫌悪感を露わにし、自殺の一ヶ月ほど前から自殺をほのめかす発言をしていた」ことを認め、そこから「S二曹の暴行の事実が申告された平成一六年一〇月一日以降、被害の実態等の調査をしていれば、Tさんが自殺を決意した同月二六日までに、被害の内容と、自殺まで考え始めていた心身の状況を把握することができた」とし、さらに「Tさんが、先任海曹の指導によりS二曹の暴行等が無くなることを強く期待していたので、上司職員がその時点で調査を行い適切な指導を行っていれば、期待を裏切られて失望し自殺を決意するという事態は回避された可能性がある」という判断の上、「S二曹と上司職員らは、Tさんの自殺を予見することが可能であったと認められ、S二曹の暴行及び恐喝並びに上司職員の指導監督義務違反と、Tさんの死亡との間には相当因果関係がある」と認めたのです。

勝訴判決に喜ぶ、「支える会」のメンバーと支援者。

　自殺といじめとの相当因果関係が認められたことで、勝利には違いありませんが、一方では、逃げ場のない職場でガスガンの標的にするという異常な事態は、それだけで自殺に結びつく「通常損害」であるというところまでは踏み込まれませんでした。しかし、上述の中で「上司職員がその時点で調査を行い適切な指導を行っていれば」という件は、組織・上司に対し、知らなかったでは済まされない、調べればすぐにわかるのにそれを怠ったということを鋭く指摘しています。職場におけるパワハラ自殺や過労死などの裁判でも、この予見可能性をどこまで要求するのかという点で厳しい攻防になっていますが、今回の判決は、そのような事案に対しても予見可能性のハードルを下げたという意義はあると言えます。

　ついで、追加の申し立て、つまり、証拠隠蔽に関わる損害賠償についてです。

被控訴人国は、控訴人（お母さん）に対し、一〇万円及びこれに対する平成二四年六月二一日から支払済みまで年五分の割合による金員を支払え、控訴人（お姉さん）に対し、一〇万円を支払え……。

つまり、損害賠償額は二〇万円ということです。

今回の裁判では、国側の証拠資料は一審では四〇点に止まったのに比べて、控訴審を合わせると二五〇点以上にまで数えられています。控訴審判決は、この新たに出た資料、それは国が破棄したと偽って出そうとしなかったのですが、その資料を下敷きにしていることは明らかです。国の隠蔽は、裁判での真相究明を遅らせたのであり、責任の追及と損害賠償は当然で、それを認めたにもかかわらず、損害賠償については低く過ぎると誰しもが思いました。

判決で、証拠の隠匿について認めたのは二点だけでした。

まず横須賀地方総監部監察官が、「艦内生活実態アンケートの原本（本件アンケート）を行政文書開示の手続において、廃棄済みであり保管していないとの回答、又は、本件アンケートは『用済み後廃棄』するものとされているとの回答をして、これを隠匿したということ」。ついで、「当時の第一分隊の分隊長が艦長からの命により乗員から事情聴取を行い、その結果を艦長に報告するために作成されたメモを、当時のたちかぜの艦長は、開示対象文書の特定の手続において、これを開示対象文書として特定せず、隠匿した」。この二点です。

「被控訴人国の指定代理人らのうち一部の者は、本件訴訟が提起された当初から、本件アンケートの写しや上記メモを所持していたことが認められるが、これらの文書は文書提出命令の対象となっておらず、指定代理人らがこれを提出すべき法的義務を負っていたとは認められない。また、同申立てに対する被控訴人国の意見の内容等に照らすと、指定代理人らが本件アンケートや上記メモの存在を認識した時点で直ちにこれを証拠として提出しなかったとしても、それが訴訟上の信義則に反するということはできない」。また、「被控訴人国の指定代理人が、当時の乗員の証人尋問において、上記メモの存在やその記載内容を知りながらあえて上記メモの記載に反する内容の反対尋問を行ったとは認められない。また、上記事情聴取を行った分隊長が、証人尋問の際、上記メモの存在やその記載内容について記憶していたにもかかわらず故意にそれに反する証言をしたとまでは認められない」としています。

つまり、隠匿した主体は、横須賀地方総監部監察官であり当時の「たちかぜ」艦長であるなど個人であって組織的なものではないという見解です。賠償金額の低さと共に、この点についても判決に強い違和感をおぼえました。

しかし、裁判所は、手堅く証拠として認定できる部分についてのみ取り上げるところです。だからそれ以上は踏み込まなかったし、判決としてはそうならざるを得なかったということではないでしょうか。ただ、「組織が」という言葉は使っていませんが、ここで隠匿したという地方総監部監察官も艦長も、個人の独断で処理していたはずはありません。総監部で事故調査を行ってきた准尉は、監察官が移動した後も引き続き残って業務を担当していました。判決には出てこないにしても、この事件の証拠資料が組織的に隠蔽されたということは誰の目にも明らかです。

判決は、今後、情報公開請求や行政文書開示請求があった場合、あるものをないと言った時には損害賠償が生じるという前例になったのです。自衛隊という組織は、服務指導として、通常でも二四時間隊員を管理しています。プライベート情報も含めてすべてです。その中で、今回のような事件が起きたときに、あるいは自殺事案ではなくとも、パワハラやセクハラなどについても、詳細な調査をし、それを報告書にするのは当然です。今回、資料が発見されたのは、それを裏付けるものです。賠償金額は低かったとは言え、隠蔽を認めた意義は大きかったのです。

控訴審判決を受けて、翌月の五月七日、防衛省は上告を断念し判決は確定しました。同月二五日には海上幕僚長が原告宅を訪れて謝罪をし、再発防止を誓います。

横須賀地方総監部前に停泊する護衛艦「はたかぜ」(DDG171)。乗組員 260 名。全長 150 メートル、幅 16.4 メートル、4,600 トン。

「たちかぜ」裁判を支える会は、同年七月一〇日、「たちかぜ」裁判弁護人でもあった社民党の福島瑞穂参議院議員と共に、横須賀地方総監部と護衛艦隊司令部を訪れ、判決を受けて以降の組織としての姿勢と、その後の再発防止策を質しました。海上自衛隊では、「先任伍長」(海曹長)を担当者とし、定期的に面接を行う体制を取ることにしたこと、また分隊を超えての相談を受け付けるなど風通しのよい組織にあらためていく等の説明がありました。すでに第一回目の面接を終えており、その中では、予想を超えた内容の訴えがあったということです。横須賀管内での自殺者も昨年度五人いたという衝撃的な数字も伝えられました。

しかし、その後、明らかになった護衛艦「はたかぜ」におけるパワハラ自殺事件は、当時すでに起きていたにもかかわらず、そこで、報告されませんでした。

「たちかぜ」裁判は勝利に終わりました。しかし、地裁判決の時がそうであったように、一歩間違えば逆の結果が出ていたかもしれません。まだまだ、隊内で苦しんでいる自衛官がおり、全国各地の弁護士や支援の窓口に相談が寄せられていることも聞こえています。自衛官の人権を守る闘いはまだまだ始まったばかりなのです。(7~12節・矢野亮)

原告から

陳述要旨──お姉さん

平成二六年一月二七日

東京高等裁判所第二三民事部　御中

1　弟が亡くなって、今年で一〇年になります。

裁判を通して、弟のことを国に色々言われてきました。でも、私は弟の死を聞かされ、東京に向かいながら、弟の自殺の原因が全く理解できませんでしたし、その現実を受け入れる事が出来ませんでした。

昔からの友達や弟のことを知っている人も、同じ思いだったはずです。

2　私は、弟の自殺の原因について、第三者の関与を疑っていました。遺書のノートを見て、やっぱりと思い、それが確信に変わりました。

弟が自衛隊の中で、ひどい仕打ちを受けていたことが分かってからも、国からは「風俗での借金」だのあれこれ言われ、挙句の果てにはアンケートを隠されました。国は、亡くなった今もなお、どれだけ弟を傷つけるのでしょうか。

3　先日、あるテレビ番組で、「相手の立場にたてたら幸せになれる」と言っている人がいました。自衛隊の方たち、国の方たちは、弟のことをどう思っているのでしょうか？　弟がどんな思いで命を絶ったのか、少しでも考えたことはあるのでしょうか？

弟と同じように、自衛隊の中で、ひどい仕打ちを受けて、苦しみ続けた末に命を絶った方が、過去にも大勢いたことも知りました。

去年は何人自殺した、今年は何人自殺したと国は発表していますが、命は数字で表されるものですか？　弟は、たった一つの命を絶たれたのです。

4　一般人の私には、難しい法律用語や自衛隊の組織内のことだとか、未だに理解できないことが多々あります。そんな私でも、国が嘘をついていることは理解出来ました。

嘘をつき、都合が悪くなると「記憶にない」「覚えていない」「知らない」……要点が伝わらず、論点のずれた話をただ繰り返すばかり。国の代理人も証人も、まともに私達を見ようとしない、いいえ、見ることが出来ないのでしょう。

私は、Aさん（三等海佐）が法廷で話をする姿を見て、初めて自衛隊にも信じられる人がいると思いました。Aさんのように前を見て、堂々と話す証言にこそ真実があると強く感じました。

5　私には小学二年生と四年生になる子どもがいます。子ども達には悪いことをしたら謝りなさい。それを隠すこと、嘘をつくことは決して、してはいけないことだと教えています。子どもでも解ることなのに国は嘘をつき、アンケートを隠しました。

6　去年、子ども達に「ママには弟がいたけれど、死んでしまった」ことを初めて伝えました。子ども達は、なんとなく理解していたようで「ばぁばのおうちにある写真の人？」と私に聞いてきました。子どもながらに、ずっと置いてある写真に疑問を持ちながらも、空気を感じ取り聞いてこなかった様でした。ただ、子ども達に裁判の事は話していません。裁判に行く時は「今日もばぁばと東京にお仕事行ってくるからね」と言って出てきます。何も知らない子ども達は、笑顔で私に「おみやげ買ってきてね」と言います。お菓子やおもちゃをいつも楽しみに待っています。
そんな無邪気な、まだ人を疑うことも知らない二人に、国の対応をどうやって説明できると思いますか？　大人たちが、アンケートを隠して、弟が毎日のように痛い思い、苦しい思いに耐えていたことを隠して、自殺の原因は「風俗での借金」だなどと言って、弟のことを傷つけ続けていることを、説明する言葉は今の私には浮かびません。

7　小学生の二人には、裁判のことは理解するには難しいでしょうし、国がしていることを話したら、もっと理解に苦しむでしょう。
ですが、子ども達にも話をしなくてはならない時が来ます。その時には、きちんと納得のできる話をしてあげたいと思っています。私の友達、知人は、報道などで裁判のことを知って、「新聞見たよ」「テレビ見たよ」と声をかけてくれますが、裁判で私が体験したことを話すと愕然とします。裁判とは真実を明らかにする所だと皆が思っていたからです。

8　裁判が始まってからの私は、日本国民であることを不幸に感じています。
それは、国が国民の立場に立たず、裁判に勝つことしか考えていないからです。国とは一体、何を守るべきものなのでしょうか。国が弟を思い、せめて弟の死を無駄にしないように真剣に考えてくれたなら、裁判もこんなに長引くことはなかったでしょう。

また、国がアンケートをもっと早く出してくれていれば、父も生きる希望を持つことができ、病気に負けなかったのではないかとも思います。裁判で、国は、弟を傷つけましたが、そのことで、もともと健康でない父も苦しめられました。

弟を奪われ、父を失い、私たち家族は、これほどまで国に苦しめられるほど悪いことをしたのでしょうか？

9　弟が亡くなって、今年の一〇月二七日が来れば一〇年になります。

けれども、どれだけの時間が過ぎても、弟の死を受け入れることは出来ません。時間が解決してくれるとも思えません。

過去の出来事として受け入れるには、弟が自衛隊で受けた仕打ちはあまりに残酷で、事実として受け止めたくないからです。

ですが、今回の裁判で、国が私たちの主張を認め、弟を自殺へと追い込んだ責任をはっきりと認め、謝罪してくれるならば、弟の死を事実として純粋に悲しむことが出来るようになると思えるのです。

10　弟は真面目で優しく、大人しい子でした。そんな弟を自殺にまで追いやったのは自衛隊です。

夢を持った若者がいじめで自殺する現実から目をそらしてはいけないし、絶対に自殺は止めなくてはなりません。命は数字ではない、一つ一つの命が掛け替えのない宝物なのです。

私は、国の対応には失望と怒りしか感じていませんが、裁判所に最後の希望を託します。いじめによる自殺を食い止めるために、公正な判決を下していただけることを信じています。

ごあいさつ――お母さん

平成二六年四月二三日、東京高裁の判決を聞きながら、私は息子に「勝ったよ」と心の中でつぶやきながら、「これでやっと終わった」という安堵感に深いため息をついていました。

親として我が子を助けてあげられなかった自責の念は、一生消える事はありませんが、こうして裁判所が公正な審理と判決をくださったことで、息子の生きた証を残すことができ、私も前を向いて歩いていける力を頂くことができました。

数えきれない方々のご支援とご協力があって成し得た勝訴判決でしたが、一〇年の月日が流れ、その間にはお世話になったたくさんの大切な方を失いました。

いつも家族のように優しく寄り添ってくださった、支える会の広沢努さんと林充孝さん。

どんな時も優しいまなざしで見守ってくださった、元共産党参議院議員の吉岡吉典先生。

ずっと私たちを助け、裁判への道筋をつけてくださった、さわぎり裁判原告の樋口さんのご主人。

追い詰められ自ら命を絶ってしまった息子の無念を、心から理解してくださった、熊本の精神科医の樺島啓吉先生。

多くの困難を乗り越えて勝ち得た喜びを、共にすることができないのが残念でたまりません。

また判決後間もなく、吉岡先生のご遺志を継がれいつも裁判の傍聴に駆け付けてくださった、元秘書の染谷正圀さんと、弁護団の一員として活動してくださった阪田先生が急逝されたことは、とても大きな悲しみでした。

ここに、みなさまのご冥福をお祈り申し上げます。

裁判が終わり一年余りが過ぎた今、本当に多くの方々にお力をいただいたことに、改めて深く感謝しております。

提訴前から国会で質問をし続けてくださり、今もなお自衛隊問題に取り組んでくださっている社民党衆議院議員の照屋寛徳先生。当時新党大地衆議院議員の鈴木宗男先生。勇気ある内部告発をしてくださったAさん。

また、提訴と同時に支える会を発足していただき、ずっと私たち遺族を今日まで支え続けてくださいました自衛官―市民ホットライン、神奈川平和運動センターの皆さま。静岡平和運動センター事務局長鈴井孝雄さん。何万通もの署名を集めてくださった、九州各地の平和運動センターの皆さま。栃木県の社民党、部落解放同盟、平和運動センターの皆さま。いろいろお話を聞かせてくださったり、証言をしてくださったお友だちの皆さま。まだまだ書ききれません。

そして、面識もない私たちのために、署名という形で支援してくださった全国の皆さまにも、この場を借りて厚く御礼を申し上げます。

支える会の皆さまには、数えきれないほどの集会を開いて頂き、最後にこのような立派な本を作ってくださることに、何と御礼を申し上げてよいか言葉がありません。

最後になりましたが、一〇年に及ぶ長い間共に闘い、ご尽力くださった弁護団の先生方には、言葉では言い尽くせないくらい感謝の気持ちでいっぱいです。本当にありがとうございました。

今は亡き夫と息子の分も合わせて、ここに深く御礼を申し上げます。

ありがとうございました。

第2部●「たちかぜ」裁判にかかわって

——弁護団と支援者から

「絶望の裁判所」でどうやって勝ったのか

岡田尚

二〇一一年一月二六日、当然の勝利判決を信じて横浜地裁大法廷にいた。「被告は原告に対し、」（オーやっぱり勝ったか）「金四四〇万円支払え」（ナヌッ、これはナンダ）、垂れ幕を持って外へ知らせに走る弁護士に、ないであろうが念のために書いておいた「不当判決」を指示した。イジメと自殺の相当因果関係を認めなかったのだ。

未だショックも癒やしきれない一週間後の二月三日、事務所に一通の茶封筒が届いた。

差出人は思いつかない。住所は「東京都千代田区丸の内一丁目一番地」となっている。「これはウソだ。誰からだろう」と思って封を開くと「私は、たちかぜ裁判で国側指定代理人でした。自衛隊は原告側にいくつかの文書を『ない』と隠しています。相談したい」との内容でびっくりして、一審の国側の準備書面を見ると確かにその名前はあった。「国側のスパイか」と、そのとき私は思った。

1　事案の概要

自衛隊に入隊し四ヶ月にわたる教育隊における厳しい教育、訓練にも耐えることのできた若者が、護衛艦「たちかぜ」に配属されたそのわずか一〇ヶ月後の二〇〇四年一〇月二七日、京浜急行立会川駅のホームから飛び込んで自殺した。

T君の少年時代から自殺をするまでの短い二一年余の生き方を見たとき、死の一〇ヶ月前の「たちかぜ」配属こそが、自殺の原因をつくったことは疑いようがない。「たちかぜ」でT君が遭遇したもの、それが彼に死をもたらしたのである。T君は自殺に際し、手書きの遺書を残した。その内容は「たちかぜ電測員Sへ　お前だけは絶対に許さねぇからな。必ず呪い殺してヤル。悪徳商法みたいなことやって楽しいのか？　そんな汚れた金なんてただの紙クズだ。そんなの手にして笑ってるおまえは紙クズ以下だ」「S二曹よ、お前だけはぜったいに呪い殺してヤル」というものであった。イジメは、執拗にして日常的なもので電動ガンやガスガンで至近距離から撃つ、AVを売りつける等の恐喝等すさまじいものであった。

本件の際立った特徴は、「たちかぜ」に乗艦する一〇ヶ月前までは露ほども自殺に結びつく要素を有していないT君が、このように「犯人」を特定し、かつ「犯人」の所業の一端を明確に指摘した遺書を残して自殺した、というところにあった。

2　提訴へ

「イジメ」の事実も一定はっきりしていて、犯人特定の名指しの遺書があり、しかも死亡という結果があれば、すぐさま裁判を起こしても勝てるのではないかと、おそらくご両親は判断されていたと思う。相談を受けた私が、すぐにでも訴状を書くと思われたかもしれない。しかし私は書かず、ほぼ一年近くにわたって提訴は見送り、調査活動に費やした。

提訴したら、向こうは貝になる。同僚の自衛官も貝になる。「今のうち、みんなが同情しているときにお父さん、お母さんが同僚の所に足を運んで、その事実をつかんでください。弁護士が行ったら、向こうは警戒します。申し訳ないが、自分で行ってください」と私は冷たく言い放った。

何人かの同僚から貴重な供述を提訴前にとることができた。次は情報公開請求である。情報公開では、ほとんど我々が欲しいものは出ない。出たとしても墨塗り。ページのほとんどが真っ黒になっている。でも一部でも明らかになるといろいろな事実の推測が可能となる。

そういう作業を経て、いよいよゴーサイン、提訴に踏み切る決断をした。

その間、私は、若い弁護士たちに「事件を一緒にやろう。やりたい人は手を挙げて」と呼びかけた。県内四事務所から七名が応じ、私も入れ八名で常任弁護団を編成した。弁護士経験でいえば私の次は、私より二四年も下で、一番若い人とは三一年の違いがあり、年齢も三二歳の開きがあった。

しかし、提訴の前に、「情報公開でダメだったものをもう一回なんとか得よう」と裁判所に証拠保全の申立てをした。

情報公開というのは、遺族だからといって特別に公開してくれるわけではない。そこで、提訴前、二〇〇五年一二月二八日に証拠保全を申立てた。証拠保全となれば、一般の人が「情報を見たい」というのとは違う、「殺された自分の息子のために裁判を起こす。その証拠を隠したり、改ざんされたら大変だ。だから裁判所がちゃんと保全しなさい」という申立てである。

裁判所は翌年の二月四日にあっさりと却下した。わかりやすく言うなら「自衛隊ともあろうものが、隠したり、改ざんしたりすることはないだろう」という、自衛隊に対する裁判所のこの上ない信頼が、その根本にあったことは間違いない。何故なら、医療過誤では、病院に対する証拠保全のハードルは、そう高くないからである。「都合の悪いことは隠蔽する一番の組織だろうが」と言いたいところであったが……。私のこの認識の正しさは、後に東京高裁判決で立証されることになる。

二〇〇六年四月五日に本訴を提起し、第一回口頭弁論期日に文書提出命令を申立てた。

敵の中に全ての情報がある。それをどうやって明らかにしていくか、これが自衛隊相手の裁判の鉄則である。

3 横浜地裁一審判決

二〇一一年一月二六日言い渡された判決は、

①イジメはあった。

②イジメの責任は、いじめた公務員個人の不法行為で国賠法一条一項に該当し、国が損害賠償の責任を負う。同時にそれに留まらず国自身にも組織として指導監督義務違反があった（安全配慮義務違反も認める）。

③イジメと自殺の事実的因果関係はある。

④しかし、原告の自殺について自衛隊側に予見可能性がない。

⑤よって、損害賠償の範囲はイジメの範囲までで自殺までは及ばない。

⑥イジメのなかには公務員の職務と全く関係ないものもあり、その限りで民法七〇九条の個人責任も認める。

というものであった。

判決は、三七頁とさして長文ではない。そのうち、原告らの主張を斥けたのは、①O艦長の責任を否定した二六頁から二八頁にかけての二頁足らず、②自殺の予見可能性がなかったとする三四頁からの一頁分のみである。それ以外は全て原告等の主張を認めた。わずか三頁で自殺に関する責任を排斥したのである。土俵際徳俵まで押し込み、もう一歩で勝訴というところまで追い詰めながら「予見可能性」という解釈の使用によってどちらにも転ぶ法律論でひっくり返したのである。私が「ウッチャリ」判決と呼ぶ所以である。

加えて、予見可能性論は、浜松基地裁判と違って当事者間では、ほとんど争点になっていなかった。「不意打ち」判決と呼ぶ所以である。

4　東京高裁での攻防

東京高裁の審理は、二〇一一年一〇月から始まった。

傍聴者が多いので、大法廷を使用させろ、させないで数ヶ月を要した。結局根負けして通常の法廷での審理が続いた。

前述の告発があり、当初国側のスパイと思った私も、繰り返す対話のなかで、彼を信じるようになり、彼もまた私を信頼してくれた。そこで私は、第一回期日以前にそれなりに自衛隊側の証拠（例えば、自殺直後に、全乗組員に対してなされた「艦内生活実態アンケート」など）隠しの事実は把握していた。しかし、告発者の氏名を明らかにすることは、懲戒免職を含む不利益な事態の発生は必至と思われたので、彼の氏名を明らかにしないで、法廷で追及することにした。内部にしか判らないここまでの事実を相手側弁護士から指摘されれば自衛隊は「バレている。仕方ない、証拠を出そう」となると思ったからだ。しかし、自衛隊も裁判所も全く動かない。半年経て、告発者は「このままでは自分が勇気をふるってルビコン川を渡って相手側の弁護士に告発した意味がない。私の名前を出して裁判所に陳述書を提出する」と決断した。

それを受けて、私は初めて自殺した自衛官の母親と三等海佐を会わせた。三等海佐は、それまで母親と会うことをあえて避けていた。「お母さんに会うと、どうしても気持ちが動いて、私の告発の真意が薄くなってしまう」と言うのである。彼は母親に会うと開口一番「お母さん、私に感謝する必要はありません。同情でしたわけではないですから」と言った。母親は「このことは、ご家族はご存じなのでしょうか」と尋ねた。家族のことまで心配しているのだ。優しい人だなぁーと感じた。一年余つき合っても、そういうことに全く想像力が及ばなかった我が身を恥じた。

二〇一二年四月一八日、予告なく陳述書を証拠提出。驚いたのは国側代理人席。一審で自分の隣にいた人が書いた、実名入りの陳述書が相手側から出されたのである。

私はこれで「自衛隊は自発的に隠していた証拠を出すだろう。もし、出さなかったら裁判所が文書提出命令、少なくとも勧告ぐらいするだろう」と思った。ところがどっこい、双方とも全く動かない。「現職の自衛隊員が身分をかけて告発している。証拠隠しの蓋然性は誰が見ても高い。せめて文書提出の勧告ぐらいだしたらどうか」と裁判所に迫っても裁判長は、「する気はありません」と、それまでの煮え切らない訴訟指揮からすると不自然なほど明確に拒否。唖然として、「忌避！」との声がノドまで出かかった。

自衛隊にも裁判所にも期待できない。もう頼るのはメディアによる報道しかない。私は、次の期日（六月一八日）の二日前の二〇一二年六月一六日（土）、この事件を熱心に追っていた新聞三社の記者を事務所に呼んで、レクチャーした。「次回期日の日の朝刊で一斉に報道してほしい」と要請した。約束通り当日、朝刊が大きく報道した。神奈川新聞は、一面であった。

三日後の六月二一日、海上幕僚長による突然の記者会見。「艦内生活実態アンケートの原本がありました」と詫びた。それまで原本どころか、コピーすらないと強弁していた。

しかし、あくまで「隠したのではなく、文書管理が不適切だった」というものであった。

その後、自衛隊は更に調査を続行し、翌二〇一二年九月四日再度記者会見し、実質的には「証拠隠し」を認めた。

5　代理人の告発

結局元国側指定代理人の告発によって、大量の文書が乙号証として提出された。一審では四〇号証までだったのが二五〇号証までになった。二一〇もの証拠が控訴審になって初めて提出されたのである。

告発した三等海佐も証人採用され、具体的かつ真摯な証言に国側も反対尋問の余地もなかった。三等海佐は

「私は遺族のためを思って告発したのではない。私の所属する自衛隊がこんなことをして許されるのか。公務員の使命は国民のために尽くすことである。組織の誤りを正すことが私の真意である」と感動的に述べたのである。

しかし、自衛隊は彼に対して「職務上で得た文書のコピーを任務終了後も保管していた。行政文書管理が不適切であった」として、二〇一三年六月一三日付けで懲戒処分のための手続開始を通知してきた。私は、すぐ田渕大輔弁護士と連名で代理人となった旨及びこのような手続きは絶対許さないと内容証明で文書通告した。自衛隊は「この手続は内部的なもので弁護士の代理人は認めていない」と頑として私たちの関与を拒否した。

代理人となれるのは自衛隊員に限られ、場合によれば自衛隊側が代理人を指定するという。自衛隊は特別な世界で外部からの参入を許さないというのである。空いた口がふさがらなかった。

6　東京高裁判決の内容とその確定

判決は、控訴審で国側から提出された証拠をもとに、一審判決が否定した自殺に対する予見可能性を肯定し、七三三〇万円の損害賠償を認めた。加えて国側による証拠隠しに対し、訴訟前の情報公開請求に対して、「文書が存在しない」としていた部分（前記「艦内生活実態アンケート」と自殺をほのめかしていたことを指摘している同僚に対する「上司の聴取書」）について、これを「隠匿した」と断定し二〇万円の損害賠償を命じた。

自衛隊による証拠隠しを認定した画期的な判決であった。

これで、行政文書の開示請求に対し、今後安易に「文書不存在」を理由に開示を拒否したら、行政に対する損害賠償があり得るとのプレッシャーをかけられることとなる。

判決二日後には、小野寺防衛大臣が、「最高裁への上告はしない。告発した三等海佐に対する懲戒処分は手続は中止する」と表明し、後日その通り確定した。

7　海上幕僚長による遺族に対する謝罪

二〇一四年五月二五日、海上幕僚長（その後統合幕僚長に就任）は遺族の自宅を訪れ「自殺及び証拠隠し」に対し謝罪した。その際母親が何よりも強く要請したのは告発した三等海佐に「今後も人事上の不利益や村八分的なことがないよう」ということであった。その不安を残しては、「自分にとって事件の真の結末にならない」というのだ。これを受けて海幕長は「こんな立派なことをした人をそんな目には合わせはしない。私が注視し、何かあれば直接指示する」と明言した。この記事が報道されたことで、三等海佐は、私に「お母さんに感謝します」旨の伝言を頼んできた。告発に母親が感謝し、判決確定後は、今度は告発者が母親に感謝したのである。支え合い、助け合いの結果の姿がそこにあった。

8　勝利の要因

「絶望の裁判所」と言われる今の裁判所でほぼ完全に勝った要因は、当事者・弁護団・支援組織の団結と信頼という一般的な総括に加えて、一つは、自衛官の命と人権を守る裁判の意義を以下のように捉えたことである。私は、自衛隊は憲法違反の存在だと考えている。今のような軍備を持ち、日米安保条約の下、アメリカと一体となった軍事体制のために機能している自衛隊はなくさなければならないと思う。しかし、そのことと自衛隊のなかで働く自衛官の人権を守るということとは別問題だ。正確にいうなら別問題ではないどころか、深く繋がっている問題だと思う。人が個人的恨みもないところで人を殺すことは正常な神経ではできない。国や愛する人を守るためという大義名分を持つなかで、他人の生命に対する想像力を失っていくのである。

人間を「物化」しなければ、恨みもない人は殺せない。人間の「物化」を防ぐ最善の措置は、人間を人たらしめること。人たらしめるために必要なことは、その人の基本的人権が守られること。自分の基本的人権が守られ、人権の尊さが肌身にしみた人は、他人の基本的人権にも想像力が働き、その人の基本的人権も守られねばならないと考えるはず。恨みもなく殺そうとする相手方にも人権があると頭にひらめいたら、人は殺せない、と思う。

私は自衛隊を憲法の精神に沿って軍隊という人を殺す集団から、真の意味で国や人を守る集団に変えていくために、本件のような、自衛隊内の自衛官という生身の人間の人権を問う裁判が重要だと考えている。

憲法九条と自衛「隊」については、論じられてきたが、憲法九条と自衛「官」については護憲派のなかでもあまり論じられてこなかったのではないか。

もし私たちが、政治的イデオロギーに基づき反自衛隊的キャンペーンをはり、この裁判でそんなメッセージしか発していなかったら三等海佐の告発はなかったと思う。

二つ目は、自衛隊相手のような裁判は、情報を敵が独占していることから、いかに相手側から資料を提出させるか、にあり、このような認識から、現場の同僚からの事情聴取、情報公開請求、証拠保全申立及び文書提出命令申立てと当初から一貫してこだわってきたことである。今回の東京高裁判決は、提訴前の情報公開請求に対して、「文書は存在しない」と回答した点を「隠匿」と認めた。情報公開請求をしていなかったらどうなったのだろうか。ところで裁判中でも、「艦内生活実態アンケート」について「あれは無い書類だ。あってはならない書類だ。捨てろ」と廃棄を指示したり、前記二〇一二年六月一八日、朝刊の報道があり、口頭弁論が終わった後に、国側指定代理人の一人は「アンケート原本を破棄する際には、隠密に願います」という内容のメールを送っている。これらの事実は、自衛隊の内部調査によって明らかにされている。

しかし、判決は、この点について判断を示していないどころか事実摘示（双方の主張を整理した部分）にすら一言も触れていない。証拠隠しの責任を現場に押しつけたのである。これは完全勝利と評価しながらも高裁判決が、訟務関係者を裁くことを回避したものであり、批判されなければならない点である。

しかし、いずれにしても提訴前から高裁まで一貫して情報開示を求め続けてきた姿勢が、三等海佐の告発を決断させる理由になったと考えられる。

本件は、めったにないドラマティックな展開を見せた。裁判提訴集会で、私は「道理ある要求、共感を呼ぶ正しいたたかい方があれば証拠は天から降ってくる」と発言した。当時は誰も信じていなかった。「また、岡田さんの根拠のないアジだ」と思っていたそうだ。この結末を迎えて、私がホラ吹きでも、根拠のないアジテーターでもないことが判ってもらえてホッとしている。

9　たちかぜ裁判と秘密保護法

本件裁判を通じて、秘密保護法の危険性、問題性が事実をもって白日の元にさらされた。重罰化は、内部告発を自己規制させる効果をもたらすと同時に「何が秘密なのか、それは秘密です」という実態が暴露されたのである。

遺族側が一審段階で申し立てた文書提出命令について、国側が「国の安全に関する情報（情報公開法五条三号、民事訴訟法二二三条四項一号）」として提出を拒否した文書は、①答申書（イジメのための暴行や恐喝に関して、隊員が任意に供述した文書）②供述調書（暴行や恐喝について隊員が述べた内容を録取した文書→警察や検察における供述調書と同じようなもの）③上陸簿の三つだった。

国は「意見書」でこう述べている。

「答申書及び供述調書には、護衛艦『たちかぜ』の行動・訓練の状況について具体的に言及した部分があり、これらの部分を公開した場合には、我が国の防衛活動の具体的内容を他国に知られ、その欠点等も明らかになるおそれがあり、じ後の防衛活動に支障を生じさせることによって、直接侵略及び間接侵略に対し我が国を防衛する任務に困難を来す結果を招くことは自明の理であって、当該艦艇のじ後の任務の効果的な遂行に支障を生じさせることによって、直接侵略及び間接侵略に対し国を防衛する任務を困難にする結果を招くことは明らかである」。

答申書も供述調書も、裁判の過程において、その内容がすべて明らかになった。これを見て驚いた。そのどこにも「直接侵略及び間接侵略に対し国を防衛する任務を困難にする結果を招く」ようなものは一片もない。そこには「いかにイジメが日常的で、広範に、しつこく、強力に繰り返されていたか」という事実がひたすら記載されていたのであった。

本件は、これまで「秘密」とされていたものが、裁判の過程を経て、最終的には、全く「秘密」に値するようなものではなかった、ということを国民が知ることができたのである。

秘密保護法では、刑事裁判で訴追された被告人とその弁護人に「秘密」指定されたものについて、その内容が開示されることは予定されていない。開示したら「秘密」ではなくなるからである。行政機関の長が「秘密」と指定すれば、国民は「指定期間内」はその内容を把握することができない。「指定期間」が終わったとしても、当該文書の「保存期間」が過ぎていれば、「文書そのものが存在しない」とされ、国民は永久にこれを知ることができない。

これが、民主主義国家において絶対に許されないものであることは言うまでもない。

10　最後に

最高裁事務総局経験者で、エリートと言われていた裁判官が二〇一四年二月に『絶望の裁判所』（講談社現代新書）という本を出した。巻頭に「この門をくぐる者は、一切の希望を捨てよ」というダンテの「神曲」のなかの一文を挙げている。裁判所が人々の自由や権利を守るどころか「権力の民を愚かに保ち続け、支配し続けていることへの助力となっている」と告発しているのである。私も弁護士四一年、ここに書かれていることのかなりの部分にその通りと肯首せざるを得ないのが実態である。しかし、現実の力関係では圧倒的に弱い人は、裁判所に頼るしかない。「絶望」なんかしてられない。「絶望」する実態がそこにあったとしても、そこで闘い、わずかの希望でも見出さなければ他に術がない。権力はやはり凄い。全てを裁判所に期待して「オンブにダッコ」ではだめだけれど、そこを基軸に大衆の力で勝利をもぎとる努力をするしかない。

左から、西田弁護士、一人おいて、佐藤弁護士、田渕弁護士、岡田弁護士。

たちかぜ裁判もその典型例である。残念にも、勝利解決をみることもなく、二〇〇九年三月三日、鬼籍に入れられたお父さんの想いはいかほどかと推察する。享年五七歳であった。さわぎり勝利判決から一夜あけて、福岡のホテルで朝食をご一緒したとき、熊本出身の私に「近くていい所ありませんか？」と質問され、太宰府と柳川を推薦した。お父さんが亡くなられた後にお母さんから、「裁判始まってずうっと緊張感の連続だったので、夫婦二人だけのあの旅はゆっくりできてよかった」と礼を言われた。

弁護団は、私が司法修習二六期で、その次は五〇期、一番の若手で、途中から中心的役割を果たした田渕大輔弁護士は五七期で、私とは二・四〜三一年の経験の差がある。そのなかで五二期の阪田勝彦弁護士は、中軸として目配り気配りしながらここぞというときのエネルギーはものすごかった。情報公開請求、文書提出命令は彼の力に負うところが大きい。そこの部分は彼がほとんど起案した。東京高裁判決言い渡し直前の弁護団会議で彼は「（判決直後の）旗出しは、だいたい若手がやるものだけれど、私一回もやってないのでやっていいですか？」と言ってきた。私も「いいんじゃないの」と即答し「マスコミも多いし、勝利判決の可能性大だからか」と皮肉った。判決から半年後の一〇月二四日、膵臓癌が判明、一ヶ月半後の一二月一二日急逝した。享年四一歳の若さであった。「勝利判決」と誇らしげに掲げる写真の彼の姿を見ると、あのとき彼は自分の人生の終わりを予感していたのではないかとさえ思われる。

原告夫妻が私の事務所に相談にみえられ最初に同行してきたのは、広沢務さんと今は亡き全造船三菱支部の久村委員長だった。久村さんは、旧知だったが広沢さんはそのときが初めてだった。

静かで真面目そうな人という印象だった。後にその静けさのなかの激しい怒りと闘志を知ることになるが……。提訴前の情報収集の大事さを強調する私に「これだけ備わっているのにいますぐ訴訟提起すると言わない。ホントやる気あるのか」と思ったという。お互いのことを知り、スタンスの取り方も解り始め、これからというとき二〇〇七年一〇月二六日、広沢さんを喪くした。享年五二歳であった。

広沢さんの志を継いで「支える会」の事務局長であった林充孝さんが本格的に支援の中心として動き出してくれた。林さんとは私が弁護士に成りたての頃、全造船三菱横浜造船所分会の賃金差別事件の主任弁護士をしていたとき、林さんは同じ全造船浦賀分会の活動家であったからよく知っていた。特に全造船東芝アンペックス事件では、事件の解決及びその後の自主生産活動を通して、支援する側の責任者と代理人として議論を積み重ねてきた仲である。厳しい意見が多く、とっつき難い印象があった。一緒に飲んでワァーワァー騒いだ記憶はない。たちかぜでは、林さんが思いつき、自分で探して買ってきた電動ガン、ガスガンで発射の実験をした。実際やってみると予想をはるかに超える強烈さであった。リンゴはひとたまりもない。ジュースの缶もへこむ。これは弁護団は考えつかなかった。さすが、闘いの歴戦の強者、観点が違うと感心したものだ。

林さんの死も私には突然だった。二〇一〇年一一月一一日、享年七二歳であった。

吉岡吉典さんは、参議院議員時代から知っていたが、たちかぜの裁判の傍聴、集会には必ず参加されていた。あるとき、私に相談があるというので、当時私が在籍していた横浜法律事務所に見えられた。たちかぜをどう勝つか、政治的にはどうか、同郷で、同様に安全保障問題に詳しい石破茂さんの話などをうかがった後、私に「浜松基地の航空自衛隊の事件もやってくれないか」と言われた。私は、「たちかぜもやっているし、しかも浜松では、とても責任ある弁護活動はできませんよ」とお断りし、「浜松なら私の同期同クラスで信頼している弁護士がいる」と言って塩沢忠和さんを紹介した。塩沢さんはみんなの期待に応えて、たちかぜより早く勝利判決を勝ち取り、一審で確定させた。

吉岡さんは二〇〇九年、三月一日、韓国ソウルで独立運動記念シンポジウムに参加、報告したその夜に、ソウルのホテルで急逝された。享年八〇歳であった。

そして吉岡さんの議員時代の秘書だった染谷正圀さんも、吉岡さんの死後その志を継いで、裁判の傍聴、集会への参加はもとより、様々な情報や意見を提供してくれた。二〇一四年一〇月一九日、沖縄の辺野古の埋立工事阻止抗議船の船長だったが、辺野古の海で流された見学用の船を救助に向かう途中溺れて亡くなられた。闘いの最中でのいわば戦死である。享年七二歳であった。

たちかぜ裁判の勝利をこの手にするまで私たちは仲間の何人かを喪した。完全勝利したあの感激を共に味わいたかった。

みなさんの力が結集して、今ここがある。ありがとうございました。

集団的自衛権行使・国防軍化と自衛官・家族の人権

佐藤博文

1　砂川・恵庭・長沼・百里・イラク、そして自衛官人権裁判

二〇一四年七月一日に集団的自衛権行使容認の閣議決定がなされた。米軍と自衛隊一体化、自衛隊の国防軍化、海外派兵が急速に進展する中で、市民運動やマスコミの方々から、裁判でたたかえないかという相談や取材を受けるようになった。そこには、砂川、恵庭、長沼、百里と続き、イラク派兵の二〇〇八年四月一七日名古屋高裁違憲裁判へと続いた憲法裁判の歴史と成果があり、市民が関心と期待を寄せるのは当然のことである。

憲法九条と平和的生存権をめぐる裁判と並行して、自衛官・家族の人権裁判がたたかわれてきた。「たちかぜ」は自衛隊イラク派兵の二〇〇四年の事件（二一歳）、生後間もない子と妻を残して自死した浜松基地事件（二九歳）は翌年である。「さわぎり」（二一歳）の福岡高裁勝訴判決はイラク派兵違憲判決の二〇〇八年であり、同年には、空自女性自衛官セクハラ事件（二〇歳）、陸自（札幌、二〇歳）及び海自（広島、二五歳）の徒手格闘訓練死事件が起きていた。

この頃、在職中の自死者は毎年一〇〇名を超えていた。皆二〇代の青年であり、何とも痛ましい。海外派兵の裏で、〝兵士〟の人権侵害との闘いが展開されてきた。

二〇〇四年、元自民党代議士・元郵政大臣の箕輪登氏が起こしたイラク派兵差止北海道訴訟を契機に、同年八月、全国で提訴されたイラク派兵差止訴訟の全国弁護団連絡会議が結成された。同弁護団連絡会議は、現在も仙

台高裁に係属中の自衛隊情報保全隊・国民監視差止訴訟を支援し、活動を続けている。

並行して、海外派兵、国防軍化が進む自衛隊内の矛盾が、いじめ自殺、セクハラ、パワハラ、公務災害など、自衛官の人権問題として噴出した。二〇〇八年頃より全国で多くの自衛官人権裁判が取り組まれ、自衛官人権裁判全国弁護団連絡会議が結成され、今日まで活動が続いている。

2 イラク訴訟の意義・到達点と自衛官人権裁判との関係

イラク派兵差止訴訟は、二〇〇四年一月、自民党の元閣僚、故箕輪登氏が「専守防衛」の立場から全国で最初に訴訟を提起したのを皮切りに、名古屋では「私は強いられたくない。加害者としての立場を」というスローガンの下に、七次にわたり全都道府県から三二〇〇人が原告となった。こうした市民のたたかいは、全国で一一地裁・一四訴訟、原告数五七〇〇名、代理人数八〇〇名という、戦後最大の憲法訴訟に発展した。

我々は、一歩また一歩と事実と論理を積み上げ、二〇〇八年四月一七日、名古屋高裁で、人権としての平和的生存権を認め、イラク派兵は憲法九条一項違反であるとする画期的な違憲判決を勝ち取り、同年一二月、自衛隊をイラクから完全撤退させた。

イラク派兵差止訴訟は、同じく二〇〇四年に発足した「九条の会」とともに、小泉・安倍・麻生と続いた改憲政権への対抗軸となった。改憲をリードしてきた読売新聞の世論調査（四月）は、二〇〇四年当時は「改憲賛成六五％・反対二二・七％」だったが、違憲判決が出た二〇〇八年四月には、「改憲賛成四二・五％・反対四三・一％」に逆転した。日本国民は、世論と司法の力で自国軍隊を撤退させたのである。

違憲判決は、自衛官やその家族にも平和的生存権が保障され、戦場イラクから命と人権を取り戻す「黄金の架け橋」でもあったのである。

名古屋高裁判決を含め、平和的生存権の具体的権利性を認めた判決は三つに上り、岡山地裁判決（二〇〇九年二月二七日）に至っては、一般国民だけでなく、自衛官や家族も「平和的生存権」を武器に人権侵害とたたかう土台を構築したと言える。

「平和的生存権は、すべての基本的人権の基底的権利であり、憲法九条はその制度規定、憲法第三章の各条項はその個別人権規定とみることができ、規範的、機能的には、徴兵拒絶権、良心的兵役拒絶権、軍需労働拒絶権等の自由権的基本権として存在し、また、これが具体的に侵害された場合等においては、不法行為法における被侵害法益として適格性があり、損害賠償請求ができることも認められるべきである」

3 「国防軍化」が進み、自衛隊員の人権問題が急速に顕在化

前述したとおり、イラク戦争が始まった二〇〇四年頃から自衛隊裁判が急増した。まず、いじめ自殺事件が頻発した。主な裁判を挙げると、次のとおりである。

①海自衛隊さわぎり・いじめ自殺　二〇〇八年八月　福岡高裁・勝訴判決・確定
②空自浜松基地・いじめ自殺　二〇一一年七月　静岡地裁浜松支部・勝訴判決・確定
③陸自東北方面通信群いじめ自殺事件　二〇一一年九月　仙台地裁・勝利和解
④海自たちかぜ・いじめ自殺　二〇一四年四月二三日　東京高裁・逆転勝訴判決・確定
⑤陸自朝霞駐屯地・いじめ自殺　二〇一三年一〇月一六日　東京高裁係属中（原審一部勝訴）

訓練死・暴行死事件も頻発した。そのうち、素手で相手を殺傷する徒手格闘の主な裁判を挙げると、次のとお

りである。

①海自江田島第一術科学校・暴行死　二〇一二年秋　松山地裁・勝利和解

②陸自徒手格闘訓練死（沖縄出身二〇歳）　二〇一三年二月九日　札幌地裁・勝訴判決・確定

米軍と同様に、自衛隊員による性暴力事件が頻発した。被害者のプライバシー保護の観点から、公表されていない事件が相当数あると言われている。以下は、私が取り組んでいる裁判である。

①空自女性自衛官セクハラ　二〇一〇年七月　札幌地裁・勝訴判決・確定

②陸自女性事務官セクハラ訴訟　二〇一三年一二月二六日　札幌地裁提訴

（事件当時一九歳の新人。同人の歓迎会の深夜に「上司」により強制猥褻）

③陸自帯広駐屯地・請負業者職員セクハラ訴訟　二〇一四年三月二七日　札幌地裁提訴

（給食受託業者の職員が部隊の担当自衛官から性的暴力）

パワハラ・市民的権利に関する事件。全国各地に多数あるが、以下は、私が最近関わった案件である。内容も少し紹介しよう。

①陸自真駒内基地・女性自衛官パワハラ・退職強要訴訟　札幌地裁一二月二六日判決

②大学受験妨害　（空自奥尻基地　二〇一一年）

自衛隊リクルートで夜間大学に行けると言われ入隊。いざ受験しようとしたら、自衛隊を辞めるか、大学を諦めるかだと言われ、いじめを受ける。

③陸自岩見沢基地・自衛官退職不承認（二〇一四年一〇月）

車の免許が取れると聞いて入隊したが取れない（「免許が取れる」と言うのは昔の話だった）。そこで辞めたいと言ったところ、辞めさせてもらえない。

④陸自恵庭基地・自衛官退職不承認（二〇一四年一〇月）

部隊で自殺（未遂）者が出て、自衛隊を辞めたいと言ったら辞めさせもらえず、翻意するまで外出禁止とされた。

⑤部隊からの命令で、家族宛の「遺書」を書かされ、部隊が保管している。未成年者も事務官も皆書かされている。

4 軍隊内における公務災害の実態と裁判の到達点

前述したように、隊員の事故・負傷が急増している。その中でも、都市ゲリラとの闘いを念頭に置いた格闘訓練中の事故が増えている。情報公開で調べたところによれば、業務事故の約半分に当たる。

「命の雫」裁判では、関係者から情報提供があり、それによれば、同事件が起きた二〇〇六年一年間における、真駒内基地で発生した徒手格闘訓練による負傷者は二八人、うち骨折が八名、靱帯損傷が五名、首関節損傷が五名という凄まじさだった。しかも、この大部分が公務災害として扱われていなかった（『月刊平和運動』二〇一三年六月号「命の雫裁判（徒手格闘訓練死黒板訴訟）判決の意義」参照）。

このような中で、「命の雫」札幌地裁判決（二〇一三年三月二九日）では、次のような判示を勝ち取った。

自衛隊の徒手格闘訓練は、「旺盛な闘志をもって敵たる相手を殺傷する又は捕獲するための戦闘手段であり、その訓練には本来的に生命身体に対する一定の危険が内在」するものとして、徒手格闘訓練の危険性について言及し、その上で、訓練の指導者は「訓練に内在する危険から訓練者を保護するため、常に安全面に配慮し、事故の発生を未然に防止すべき一般的な注意義務を負う」とし、このことは、徒手格闘訓練が自衛隊の訓練として行われる場合であっても異なるものではないとした。

一見当たり前のことのようだが、自衛隊の訓練における安全配慮義務の内容を、スポーツ事故や巷間の労災案件と同じ基準で捉えている。これは、徒手格闘訓練で言えば、「素手で殺傷する訓練」（相手に防御させず急所を突く）を、「柔道などのスポーツ」（相手に防御させ急所は狙わない。技が決まればよく、それ以上やると反則）と同じ安全性を確保せよと言っているわけで、これを徹底すると軍隊でなくなってしまうのである。

現職の自衛官に聞いてみると、「命の雫」札幌地裁判決以後、徒手格闘訓練は激減したという。判決の意義は大きかった。

5 自衛隊内における性暴力の実態と裁判の到達点

また、米軍による性暴力が深刻な問題であるが、日本の自衛隊にも同じ問題があることが顕在化してきた。空自女性自衛官セクハラ訴訟において、自衛隊におけるセクハラの実態を示すデータが出てきた。犯罪が横行し、触られることぐらい当たり前という実態が浮かび上がる。

	一九九九年調査	二〇〇七年調査
性的関係の強要	18・7%	3・4%
強姦・暴行（未遂含）	7・4%	1・5%
わざとさわる	59・8%	20・3%

（調査対象男女二〇〇〇名。二〇〇七年は対象者の取り方を変更し、被害を過少に見せている）

この裁判の判決は、自衛隊内のセクハラだけでなく、広く一般にセクハラやパワハラとたたかう武器となるものである。

まず、被害者供述の信用性判断について、物理的強制の存否や程度にとらわれず、被害者の供述の一部に変遷や不合理と思われる点があっても、「性的暴行の被害を思い出すことへの心理的抵抗が極めて強いこと」「共感をもって注意深く言い分に耳を傾けないと、客観的事実と異なる説明やもっとも恥ずかしい事実を伏せた説明をしてしまうことはままある」「原告からの事情聴取はもっぱら男性上司や男性警務隊員によって行われており、原告が性的暴行を冷静に思い出したり、記憶を言葉で説明することができなかった可能性が高い」等と、性被害者の心理を深く洞察した事実認定を行なったことである。

次に、「隊内の規律統制維持のため隊員相互間の序列が一般社会とは比較にならないほど厳格で、上命下服の意識が徹底した組織」であり、原告が「上位者である加害者に逆らうことができない心境に陥る」と、軍事組織の本質に迫った認定をしたことである。

職場の責任について、①被害職員が心身の被害を回復できるよう配慮すべき義務（被害配慮義務）、②加害行為によって当該職員の勤務環境が不快となっている状態を改善する義務（環境調整義務）、③性的被害を訴える者がしばしば職場の厄介者として疎んじられさまざまな不利益を受けることがあるので、そのような不利益の発生を防止すべき義務（不利益防止義務）を負うと、事後の配慮義務について積極的かつ具体的な判断基準を示し、その全てに違反があったと認定したことである。

そのうえで、慰謝料五八〇万円を認容し、その内訳を性暴力二〇〇万円、保護・援助の不作為三〇〇万円としたことである。性暴力後の対応に多額の慰謝料を認めたことは、性被害の実態の捉え方（二次被害の深刻さ）、組織の責任の重大さを示した点で重要であり、賠償水準の引き上げにも寄与するものとなった。

6　自衛隊の「命令」「規律」「服務指導」のもつ意味

(1)　自衛隊と一般社会との原理の違い

自衛隊の組織を動かす原理、隊員の生活や人間関係について、一般社会の企業や官庁とは全く違うことを理解しておく必要がある。

自衛隊員は、日常生活の全てにおいて、「おう盛な闘争心をもって敵を殺傷又は捕獲する戦闘」（前述）に備えていなければならず、そのため上司や先輩の命令は絶対であり、それに従わなければならない。弱音を吐くことは、「精強さ」が求められる軍隊では許されない。そこから、一般社会の「安全配慮義務」とは矛盾する原理が働く。

但し、日本国憲法九条の下、政府解釈で自衛隊は軍隊ではないとされているから、それは事実上のことであり、自衛隊員にも企業や官庁の労働者と同じ「安全配慮義務」が働いているというのが建前である。

(2)自衛隊員の規律とは何か

自衛隊の規律は、「軍紀」と言われ、その本質は、空幕法務課発行『法翼』第一三号（平成一六年）に収められた論文「日本国憲法下における自衛隊裁判制度導入の可能性」に拠ると、次のように説明される。

「社会の秩序維持には、最低限度の道徳規範が必要であり、これに違反した者を処罰するために、刑法が定められている。そして、一般市民を裁くには普通裁判所がある。

一方、軍は武器をもって外敵と対戦する戦闘集団である。ここでは戦時、通常の道徳規範に反する器物の損壊、人員の殺傷が公然と行なわれ、生命を省みない危険な行動が求められる。

そこで、軍では、軍人の基本的人権が制約され、組織に特別の秩序を科し、任務を強制する等、行動を強く規制する必要があった。これがいわゆる軍紀の保持である」。

要するに、「軍紀」とは、「通常の道徳規範」とは正反対の一般社会では許されない器物の損壊、人員の殺傷などの戦争遂行行為を、自他の生命を省みることなく公然と行なわせるための、強力かつ他律的なものである。個人の尊重を大前提に「社会生活を営む自主的ルール」として、個々人が自覚的にそれに基づいて行動する「規律」とは、本質的に異なる。

(3)自衛隊員に「公私の区別」はない

自衛隊において、服務とは「自衛官としての勤務及び生活を含んだ包括的な概念」であり、自衛隊員は二四時間管理されている。その中で「服務態勢」とは、「課業時間外の営内外の生活の在り方」に焦点を当てたものである。要するに、隊員を職務に専念させるために、隊員の勤務時間外の生活の管理、すなわち交遊関係から心情把握、私的な悩みにまで注意を払う「指導管理」を行なうというのである。

言うまでもなく、一般市民社会の常識からは異常なことであり、プライバシー保護や私生活の保障（公私の区別）から本来やってはいけないことである。ところが、自衛隊員には、この公私の区別がなく、プライベート部分も部隊が把握することになっている。

この結果、隊員の生活はどうなるか。多くの隊員は、高校を出てすぐ、いわゆる寮に入る（これを営内生活という）。そうすると、仕事からプライベートまで、全てが部隊の中にあり、ここで「営内の服務指導」が行なわれる。この蛸壺のような世界で、今まで経験したことのない人間関係の軋轢、葛藤に遭遇する、その中には、「おまえは駄目だ」「辞めてしまえ」などと先輩から言われたり、苛めやパワハラを受けることが少なくないのである。

大人となり、社会人に成長していく過程の全てが基地の中、営舎の中にあることを、自衛隊は「寝屋子《ねやこ》」に例える。しかし、これが、深刻な人権侵害を招く原因ともなることは公知の事実である。

［寝屋子］三重県鳥羽市の答志島答志町で古くからおこなわれている風習。一定年齢に達した男子を世話役の大人が預かって面倒を見る制度。

7　今後の憲法九条・自衛隊裁判の展望

今後の自衛隊をめぐる裁判及び運動の形態について、私は次のように考える。

第一に、自衛官や家族を原告とする人権裁判を展開することである。憲法の人権保障規定、平和的生存権が自衛隊員や家族にも等しく保障されることを主張し、自衛隊員と家族の人権を守ることである。「一人の兵士を守ることは軍隊を誤らせないこと」「兵士である前に市民である」……これは軍事オンブズマン制度をもつドイツの格言である。この実践が必要となっている。

第二に、自衛隊の海外派兵や国防軍化、さらには自衛官の人権や自衛隊と地方自治体との関係などに関する情報公開の取り組みを展開することである。不当な非開示処分に対しては、異議申立や取消訴訟で対抗する。国家の「秘密結社化」を許さず、組織の透明性を高めることが、人権侵害を行ないにくくする方途である。

第三に、憲法九条二項の違憲性を主張する裁判である。国連憲章が認める集団的自衛権を行使する自衛隊は、国際法上〝立派な〟軍隊になったことを意味する。従って、その自衛隊の海外派兵や自衛隊に対する自治体の違法な公金支出、自衛隊と国・地方自治体の政教分離違反、国・自治体が市民を軍事動員するのを拒否する訴訟などが考えられる。

これらの取り組みは、日本が戦争をしないこと、自衛官を戦場に送り出さないことであり、自衛官と家族の人権を守るために最も大事なことである。そして、もし再び海外派兵を行なう時などには、イラク訴訟のときと同様に「全国は一つ」でたたかう。

航空自衛隊浜松基地自衛官人権裁判と「たちかぜ」

塩沢忠和

1　私にとっての自衛官人権裁判

公権力による人権侵害の被害者やその遺族が全国各地で次々と提訴に踏み切り、それを支援する運動の輪が広がり、やがてそれぞれの運動が連携し、勝利の成果が継承されていくということが、いわゆる大衆的裁判闘争の中ではあり得る。しかし、私自身がそのような裁判闘争に弁護士として関わることになるとは思っていなかった。さわぎり裁判、たちかぜ裁判、空自浜松基地自衛官人権裁判、そして北海道での女性自衛官人権裁判、命の雫裁判は、そんな一連の裁判である。そして、それぞれの闘いに紆余曲折があり、勝利の順番が前後したりしたが、最後は全て全面勝利を勝ち取ることができたのである。それぞれの裁判で、当事者本人、弁護団、支援の会が一体となって闘い抜き、しかも、各裁判で支援の運動が旺盛に取り組まれ且つその運動体が全国規模で連携し広がったこと、それゆえの、連続且つ全面勝利であったと思う。

私は、国や自治体、大企業による人権侵害に立ち向かう国民、市民、労働者の立場に身を置き、当事者や支援者と苦労を共にする弁護活動を長くやってきた。その私にとって、浜松基地裁判では主任弁護士的立場で、たちかぜ裁判では微力ではあるが控訴審から弁護団の一員として関わり、そして、さわぎり裁判でも北海道の二つの裁判でも支援運動に関わることができたことは、おそらく（この先さほど長くはない）私の弁護士人生の中で、最も感慨深い経験となると思う。

2　浜松基地自衛官人権裁判にとっての「たちかぜ」

これまで様々な報告会で口にしたことではあるが、今改めて振り返ってみても、「さわぎり」「たちかぜ」の闘いがなかったら、浜松基地自衛官人権裁判はなかったかもしれない、ましてや、一審で確定する全面勝訴判決（二〇一一年七月一一日）も獲得できなかったのではないかとつくづく思う。

浜松基地での上官による陰湿ないじめで自殺に追い込まれた三等空曹S君（享年二九歳）のご両親と奥様にお会いしたのは、S君が亡くなって二年二ヶ月が過ぎた二〇〇八年一月であった。迂闊にも私は、浜松に居ながらこの事件のことを全く知らなかった。聞けば、かなり前から浜松市内の二つの法律事務所に依頼し、M事務所では証拠保全をし、N事務所では民事調停を申し立てたが不調に終わり、提訴に向けて準備中であるものの思うように進展せず、数ヶ月後に時効が迫っている中で思い悩み、さわぎり裁判の原告Hさんに相談、Hさんは、当時自衛官の人権擁護活動に尽力されていた元参議院議員の故吉岡吉典さんに相談（この裁判の勝利の喜びを分かち合うことなくお亡くなりになったことは残念でならない）、吉岡さんは、たちかぜ弁護団長の岡田さんに「浜松基地の裁判も引き受けてくれないか」と相談、そして岡田さんは「浜松の事件なら塩沢さんに頼め」と助言し、かくしてようやく私に辿り着いたという次第である。縁というのは不思議であり、岡田さんと私は司法修習が同期同クラスで、国鉄闘争の時代には、岡田さんは横浜で、私は秋田で、国労組合員と共に闘った〝同志〟である（国鉄労働者支援のための秋田県民大集会を開催し、メイン講師に岡田さんを招いたのが私である）。そんな岡田さんと、二〇年近く経過して今度は自衛官人権裁判で共に闘うことになったのである。

我々が浜松で提訴した頃（二〇〇八年四月）、さわぎり裁判は、一審敗訴判決（二〇〇五年六月二七日長崎地裁佐世保支部）に対する控訴の闘いが最終局面に入っていた。一方、たちかぜ裁判は二年目に入り、被告国（自衛隊）に証拠開示を求める闘いの山場を迎えていた。提訴はしたものの正直勝てる自信がなかった私は、弁護を引き受けるにあたり、ご両親と奥さんに正直にその旨を白状した上で、「しかし、皆さんがこの裁判をトコトンやり抜きたいのであれば、私もトコトン付き合います」と伝えた。ご両親らの答えは「よろしくお願いします」だった。

浜松での提訴から四ヶ月後の二〇〇八年八月二五日、さわぎり裁判は、福岡高裁判決が一審判決を全面的に取消し逆転勝訴となった。これは浜松基地裁判にとっても実に大きな励ましとなり、その判決理由は、我々の裁判でもそのまま通用する強力な理論的拠り所となった。勝利報告集会には、浜松から私を含む三人の弁護団が、横浜からも岡田さんが参加し、勝利を喜び合っただけでなく、急遽シンポが開催され、後に続く各地の裁判での勝利のために交流し合う貴重な機会となった。

浜松での裁判の最初の山場は、被告国（自衛隊）に対し、被告N二曹に関する懲戒処分記録の全面開示を求める立証上の闘いであった。当初被告国が提出した調書類は、ほぼ全面真っ黒という代物であったが（黒いシロモノとはシャレにもならない）、これを突破し、被告国をして原告側立証に必要な部分を渋々ながらもほぼ全面開示せしめたのは、たちかぜの証拠開示をめぐる闘いの成果、とりわけ二〇〇八年三月五日に勝ち取った東京高裁の決定（文書提出命令）があったからである。我々は、この決定書を証拠として提出し、「海上自衛隊がこの決定に従って提出しているのに、なぜ航空自衛隊は、せめてそれと同レベルの対応ができないのか」と法廷で迫り、裁判長も開示を強く勧告した。こうして、たちかぜ裁判で二年近くを費やして開示させた証拠を、我々は、たちかぜ裁判の高裁決定という〝他人のふんどし〟を借りて、数ヶ月で開示させることができたのである。

3　「支える会」のこと

それぞれの「支える会」の連携と励まし合いも素晴らしかった。いずれも、動員された組織的取組みではなく、政治的立場の違いを越えて草の根的に広がった運動体であり、接する我々弁護士にとって、実に清々しいものであった。

「さわぎり」の闘いは、支える会編集による『自衛官の人権を求めて』（二〇〇九年九月一日発行）に記録されている。我々浜松基地自衛官人権裁判も、支える会編集による『自衛官の人権は、いま』（社会評論社、二〇一二年三月一〇日刊行）に記録された。聞けば「たちかぜ」でも、支える会が報告集を編集・出版するとのことなので、その出来上がりを期待している。

4　私の反省

最後に、この場を借り、私の反省を述べさせてもらう。

「たちかぜ」の一審判決が、上官による実に凄惨・卑劣ないじめ（暴力・恐喝）の事実を認定しながら自殺の予見可能性を否定したことは全く想定外であり、この不当勝利には怒りがおさまらなかった。その不当性を訴える報告会の席で、私は、「浜松基地においてN二曹がS君に加えたいじめとたちかぜにおいてS二曹がT君に加えたいじめの程度を比較した場合、S二曹のそれの方がN二曹のそれよりはるかに陰湿・残忍で、これによって与えた精神的苦痛の程度もはるかに大きかったはずなのに、浜松の判決では自殺の予見可能性が肯定され、たちかぜの一審判決がこれを否定することはどう考えても理に合わない」という趣旨の話をした。この報告会には、浜松基地裁判原告のHさん（故S君のお父様）も参加されていた。後日、私はHさんから、「先生の先日の発言には納得できません。私の息子Sは、さしてひどくないいじめで精神的苦痛も大したことないのに自殺したと言われるのでしょうか。息子がいじめで自殺に追い込まれた、その親にとっては、いじめの程度を比較され、『あなたの息子は、大したいじめでないのに自殺した』と言われることに納得できません」という趣旨の手紙をもらった。

私が言いたい真意がどこにあるにせよ、Hさんのこの指摘はもっともである。ご遺族の心情への配慮を欠いた発言であったことをこの場を借りてお詫びしたい。

「さわぎり」から「たちかぜ」への前進

西田隆二

二〇一四年四月二三日、東京高裁での護衛艦「たちかぜ」の国家賠償訴訟の判決に立ち会った。死の結果について相当因果関係を認めなかった横浜地裁判決を完全に覆し、さらには内部資料を隠匿していた自衛隊に対する慰謝料まで認める「完全勝利」だった。

原告とのおつきあいは長くなるが、最初の出会いは、護衛艦「さわぎり」国家賠償訴訟（原告Hさん）を福岡高裁で闘っているときであり、二〇〇五年一一月の第一回弁論のときだったと思う。ご主人も健在で、その後の裁判、そして判決にも立ち会って頂いた。この間に、御主人が体調を崩され、お会いするたびに痩せて行かれるのが気になっていたが、間もなく志半ばでお亡くなりになった。御無念を思うと今でもかける言葉が見つからない。

二〇〇八年八月、一審とほぼ同じ事実を前提にしながらも、福岡高裁では、上官の予見可能性、そして国の予見可能性を認め、我々の主張をほぼ認める逆転勝訴判決を得ることができた。

判決当日は、「たちかぜ」訴訟の岡田尚弁護団長も参加頂き、共に喜んで頂いたのだが、同日開いた報告集会の席での岡田団長の発言が「たちかぜ」裁判の将来を暗示していたといえる。以下、一部引用する。

私のところにご両親が相談に見えました。「いじめ」の事実もはっきりしていて、犯人特定の名指しの遺書があり、しかも死亡という結果があれば、すぐさま裁判を起こしても勝てるのではないかと、おそらくご両親は思われたと思います。すぐにでも私が訴状を書くものと思われたかも分りません。私は書きませんでした。ほぼ一年近くにわたって提訴は見送りました。この裁判はやる以上絶対に勝たなくてはいけない。そのためには提訴するまで我々はやることがある。敵はかならず証拠を隠します。……お父さん、お母さんが同僚のところに自分で足を運んで、事実を掴んでください。……情報公開で可能な限りの証拠を集めましょう。

（『自衛官の人権を求めて　海上自衛艦「さわぎり」の「人権侵害裁判」報告集』一八八頁より）

この徹底した証拠収集へのこだわりが、後に内部告発を呼ぶことになるのだが、勿論岡田団長もこの時そこまでは思いもしなかっただろう。

その後の展開は御存知のとおりであり、案の定自衛隊は隊員からのアンケートという第一級の証拠を隠し続けた。このことが影響し、一審判決は、あろうことかエアガン等のいじめがあったことは認めたものの、その後もいじめが続いたことやT君に自死の危険性をうかがわせる兆候があったこと等の事実までは認められないとして、自死についての国の責任を認めない不当判決となった。

「敵はかならず証拠を隠します」という岡田団長の見立ては図らずも当たってしまい、大きな壁として立ちはだかった。一審判決にも立ち会わせてもらったが、弁護団、そしてご本人の心情を思うと居たたまれなかった。

しかし、証拠隠しに納得がいかない人物が他ならぬ国の側におられ、隠されていたアンケートの存在が明らかとなったのである。このことは決して偶然ではないと考えている。勿論、ご本人の強い勇気と信念がなければできなかったことであるが、それを後押ししたのは、当初より証拠の発掘にこだわった弁護団の方針の正しさ、そして、ご夫婦が先頭になって粘り強く情報公開を求めてこられたこと、にあると考える。

東京高裁は「父による行政文書開示請求の対象文書となっていたにもかかわらず、これを保管していた横須賀地方総監部監察官は……これを隠匿した」と断じ、慰謝料の支払いを命ずるという形で断罪した。自衛隊の情報隠ぺい体質が裁判所で明らかにされたのであり、私を含むこの裁判を支援してきた者にとって感慨深いものであった。

鉄壁なはずの「防御」(隠ぺい)をまさに「蟻の一穴」で突き崩したのであり、画期的な出来事だった。ただ、何よりお父さんがこの判決を待ち望んでおられたと思うと無念だったのも私だけではないであろう。

ところで、「さわぎり」裁判でも自衛隊はその綻びを露呈している。実は、Hさんの高裁での勝訴判決に勇気づけられ、亡くなられた御子息の妻子も新たに提訴したのであるが、その裁判で前の裁判の時から提出を促されても頑として提出してこなかった「班長手帳」を突然提出してきたのである。

それまで提出してこなかった理由は、手帳の記載の中に自衛隊内での指導方法等秘密性の高い事柄が含まれているからということであり、裁判所もこれには及び腰だった。しかし、自衛隊はHさんの御子息の自死の原因は自分の能力不足に思い悩んでのことであると主張しており、日常指導にあたっていた班長手帳の記載内容は極めて重要であり、最後までその提出を求めたが、自衛隊は一貫して提出を拒んだ。

ところが、新たな訴訟で、突然そのすべてを出してきたのだ。そして、そこには、御子息がむしろ知識、技能ともに問題が無く、勤務姿勢も評価されていた旨の記載があったのである。自衛隊は、この証拠を出して、「このように(御子息は)班長から評価されていたのだからいじめなど無かった」という主張をしてきたのだ。

目を疑った。従前の裁判では、自死に至ったのは自らの能力が無いことに思い悩んだからであるという主張をしていたのであるから、明らかに矛盾する主張であった。形式上は別の裁判であるにしてもあまりに一貫性が無く、自ら信用性を失わせるものであった。新たに裁判を担当している訟務検事らの過失によるものと考えるにしてはあまりに単純であり、隠れた内部告発ではないかとすら思われた。堅牢に見える自衛隊の壁も決して一枚岩ではないのである。

東京高裁判決後の報告集会で、岡田団長は、「証拠は天から降ってくるんだ」との発言をされた。小心者の私には決して発せられない言葉である。私なりに解釈すると、提訴前から「証拠隠し」を想定して徹底した証拠集めにこだわってきたことにより証拠を「天から降らせた」のだと思う。改めて、弁護団、そして、原告に敬意を表する。

弁護団から

必要な調査・指導を怠っていた無責任な上官を許さない判決——田渕大輔

横浜地裁で言い渡された一審判決は、原告が主張した事実関係を概ね認定し、暴行や恐喝が自殺の原因になったとしながら、一等海士の自殺について予見可能性はなかったとして、相当因果関係を否定しました。

一審判決が自殺について予見可能性を否定した理由は、一等海士が自衛隊を辞めたいと口にしたり、頻繁にため息をついたり、死にたいなどと発言していたとしても、その事実が「たちかぜ」艦内において共通の認識になっていたり、加害者である二等海曹の知るところとなっていたとまでは認められないということでした。

このような判断は、可能性で足りるはずの予見可能性について、被害者が自殺する危険を加害者が現実に認識していたことを求めるに等しい不当なものでした。

他方、東京高裁で言い渡された控訴審判決は、「たちかぜ」幹部らは、二等海曹の後輩隊員に対する暴行の事実が申告された時点で、乗員らから事情聴取を行うなど、二等海曹の行状や後輩隊員らが受けている被害の実態等の調査を行っていれば、一等海士の心身の状況を把握することができ、二等海曹に対する適切な指導が行われていれば、一等海士の自殺を回避できた可能性があるとして、自殺の予見可能性を肯定しました。

また、控訴審判決は、「たちかぜ」幹部らが一等海士の変調に気付かなかったとしても、それは単に部下に対する配慮を欠いていたに過ぎず、責任を免除する理由にはならないことも示しています。

このように、控訴審判決は、自殺の予見可能性を判断するにおいて、実際に得られていた情報だけでなく、必要な調査を行っていれば得られたはずの情報を加えて、自殺を予見することができたか否かを判断しました。これは、まさに可能性のレベルで予見可能性を判断するものです。

予見可能性に関する控訴審判決の判断は、被害者が自殺に追い込まれたことの責任を争う同種の事案において、加害者の責任を追及していく上で、大きな力になるものと捉えています。

解決までの道のりを振り返って

西村紀子

まだ二一歳だったTさんが、配属された「たちかぜ」艦内でのSからのいじめに絶望して自殺したのは平成一六年一〇月のこと。それから一〇年経過してやっと解決に至り、万感の思いです。平成一八年四月五日に提訴してから、平成二六年四月二三日の東京高裁判決まで、ご遺族にとっては一コマ一コマが辛抱の連続だったといっても過言でないと思います。

横浜地裁での国側の抵抗は、堂々たる偽証（すでに当時亡くなっている証人の父親と〝電話で話をした〟などという明らかな作り話でした）も厭わないなど、なり振り構わぬすさまじいものでした。今更ながら感がありますが〝国がこんな子供じみた嘘をつくのか〟と改めて実感させられる体験でした。そして、提出書面ではひたすらTさんを貶め続けます。このような不毛な訴訟活動で、国側は裁判を引き延ばします。挙げ句の果てに横浜地裁で出された判決は、SのいじめとTさんの自殺との因果関係を認めながら、自殺の予見可能性がなかったなどとして、Tさんの自殺についての国やSの責任を認めないなどという中途半端で不当なものでした。

横浜地裁判決直後、「不当判決」の幕をかかげる西村弁護士。

一審判決はこのような不当なものでしたが、控訴審の段階で、元国側指定代理人のお一人であった方（以下「三等海佐」とします）が、勇気を奮って国側の文書隠しを告発し陳述書作成の上法廷で証言するという劇的な展開を経て全面勝訴にたどりついたことは、大々的に報道されたとおりです。三等海佐が勇気をふるってくださらなかったら、今回の逆転勝訴はなく、Tさんの被害も矮小化されたまま闇に葬られていたのだと思うとぞっとします。

ただ、三等海佐の告発だけで、高裁が劇的に態度が変わったというものでもありませんでした。このため、期日直前に設定された弁護団会議で、もうマスコミに報道してもらうしかない、という結論に至り、岡田弁護士が記者レクを設定し、大々的に報道してもらうことにより、その後の裁判所も態度が変わったのです。

報道による裁判の監視が必要とされる所以であると改めて実感しました。

衝撃受けた艦長証言――渡部英明

ご両親から見せられたT君の遺書である手帳。この手帳の内容は衝撃であった。T君をここまで追い詰めたものは何か。この文章の背景に何があったのか。それを知る手がかりを探すのがこの事件の第一歩であった。国の組織の中でも特に機密情報が多い防衛省を相手にするのであるから、事実関係を明らかにすることは困難を極めることは当然予想された。実際、情報公開請求で国から出てきた資料は、ほとんど黒塗りのものであり、そこまで隠さなければならない情報なのか疑いたくなるほど、情報は開示されなかった。

そこで、わたしたちは、T君の同僚の自衛官らからの聴き取り調査をした。私が担当したのはJ君であるが、とても真面目で、人懐っこい感じの青年であり、正直に当時のいじめの状況を話してくれた。J君もT君と一緒に先輩格の自衛官からエアガンを撃たれたりした状況を話してくれた。J君は現在も自衛隊に勤務していると思うが、裁判に証人として証言してくれたり、陳述書を書いてくれたり、裁判に協力してくれ、真実の解明に尽くしてくれた。T君の死を無駄にしないためにも、自衛隊という組織をよくするために、J君は裁判に協力してくれたものと私は思っている。他方、一審の裁判では小樽まで行って、当時の艦長の証人尋問をした。自衛隊は集団で行動する組織である以上、規則上、厳格な取り決めがなされており、当然、管理責任が艦長にあるにもかかわらず、艦長は、いじめの実態を知らず、T君の自殺まで予想できなかったという証言であった。自衛隊は通常の職場と異なり、隊員の健康管理や金銭状況まで管理しており、知らなかったでは済まない組織上の構造になっているにも関わらず、それを知らなかったと平然と言ってのけてしまう艦長の証言に衝撃を受けた。隊員や職場の管理ができていないことを告白しているようなものであった。ところが、一審も、先輩格の自衛官のT君らに対するいじめを認定したものの、T君が自殺することまで国は予見できなかったものとして、T君の死亡の責任までは認めなかった。艦長の証言をそのまま追認するようなもので、納得がいかなかった。

控訴審は新たな主張や立証が続かないと、すぐに結審してしまいそうな雰囲気であった。そのような状況のなか、国の訴訟代理人であったAさんから、自衛隊が行ったアンケートについて、廃棄していないにもかかわらず、廃棄したとの扱いにしているとの通報があった。国は、証拠を隠していたのである。ここから、事態が一変した。このような訴訟展開はこれまでに経験したことはなかった。不正義なことをしてはいけないことをAさんが身をもって行動に移したことには、驚きとともに敬服した。

Aさんの通報もあり、証拠を隠ぺいした関係者は内部で処分され、隠ぺいされた証拠が国から提出され、控訴審では逆転勝訴判決となった。

「たちかぜ」事件は、事件の真相を隠そうとする国の体質が如実に明らかになった事件であった。T君の衝撃的な遺書から真実を明らかにしていくには一〇年近くの長い歳月を要したが、時間がかかっても、真実を明らかにすることの大切さを実感した事件であった。

横浜地裁判決後の報告会で艦長の責任を訴える渡部弁護士（左）、右側は塩沢弁護士。

たちかぜ裁判で想うこと

小宮玲子

たちかぜ裁判は、組織を守るということ、国を守るということ、そして闘うということの、本来的な意味を改めて考えさせられた裁判でした。

組織を守るということ、国を守るということ。歴史的に見ても、軍事で栄える国は、また、軍事で滅びる。行政であれ、司法であれ、どんな組織であれ、既存の権力で、相手を、相手の声をつぶすという手法は、いつの時代も絶対的なものではあり続けられない。「権威を守る」「組織を守る」という至上命令のもと、違法なことであっても「組織の常識」としておこなわれてきたことが、本当に組織やその権威を守りきることができたのかどうか。

闘うということ。迷うことがあっても、最後は一人の人間として闘うという決意をすること。小さくてもいい、自分の居場所から疑問の声を投げかけていくということ。その声を別の誰かに届けるということ。それぞれの声を、それぞれの場所から、皆で支援し、集約し、力に変えていくこと。

たちかぜ裁判を振り返ってみるとき、これまで一緒に闘ってきた人たちのお一人お一人の顔が思い浮かびます。Tさんご家族、隊内外における同僚の方々、支援の会の皆さん、傍聴に足を運んでくださった多くの皆さん、相談に乗っていただいた医師の先生方、弁護団の仲間たち。そして、Tさんのお父さん、支援の会の広沢さん、林さん、弁護団の阪田さん。皆さんと一緒にこの闘いを続けてくることができて本当に良かったと思います。

ご支援ありがとうございました。

原告のご家族の温かさとともに

菊地哲也

岡田先生から、たちかぜの弁護団にお誘い頂いたことがきっかけで、あまりお力にはなれませんでしたが、弁護団の末席で参加をさせて頂きました。岡田先生の言葉には印象に残るものが多くありますが、事実より強いものはない、という信条に多くのことを学ばせていただきました。

真実を知りたいというご家族の気持ちの前には、文字通り、大きな壁が立ちはだかっている状態でしたが、Tさんのご家族の皆様が、決してあきらめることなく歩み続けられたことに心から敬服しております。Tさんが生きてこられた道の少しでも関わりを持てたことは、弁護士として光栄なことでもありました。

裁判を提起できるまでにも、証拠偏在のもと、厳しい状況、道程がありました。しかし、Tさんご家族は、皆様もご承知のとおり、とても温かいお人柄で、弁護団会議のときにも、かえって、いつも私たちにさりげない気配りをされていたことが思い出されます。

長い歳月を思いますと、こうして支えの輪が広がっていくのは自然なことだったように思います。不正義の壁がどんなに大きく立ちはだかっていようと、力をあわせれば進んでいけるということを肌で感じることもできました。

それだけに東京高等裁判所の判断には重みがありました。

また、弁護団の中心で活躍された故阪田勝彦さんの、事実や証拠の核心に向かっていく力の強さ、法廷や法廷外でもこれを実現していく実行力など、改めて身近に実感をさせられたことも特筆しておきたいことでした。

護衛艦のなかで、受け入れ難い重大な事態が生じていたにも関わらず、危険が排除されることはなく、もとより真実への道は閉ざされていること、真実が明らかにされない構造に対して何が為されるべきなのか、裁判の手続きのなかですらそれらの姿勢が変わることがなかったことをどう評価すべきなのか。

自衛官の方が働く環境にも思いをはせて、Tさんご家族が問いかけたことの大きさは、これからにも繋がっていくと確信しています。

末筆となりますが、弁護団に加えていただけたことに感謝申し上げます。

阪田さんへ――――――――――――――――――――――――神原元

弁護団の中心メンバーだった阪田勝彦弁護士は、二〇一四年一二月、すい臓がんで亡くなりました。告別式で読み上げた追悼文を掲載して責を塞ぎたいと思います。

＊

阪田さん。よく頑張ったな。立派だった。立派だったよ。

君が癌の告知を受けたのは、一〇月二四日だった。

前日、君が三ヶ月休んでいないと聞いて、俺は君をなじった。君は珍しく怒って喧嘩になった。

二四日の日、俺は何か胸騒ぎがして、検査を受けた君の携帯電話に電話をかけた。

君は言った。「神原さん、レベル4だったよ」。

レベル4の意味が分からなかった俺は、君に聞いた。「少し長くかかるのかね」。

君は、電話の向こうで、クスリと笑った。そして、さわやかに、本当にさわやかに、こう答えた。「いや、そういう意味では長くないと思うよ」。

実際、そうなってしまったな。君はあのとき、自分の運命を全部理解していた。

左から、阪田（故人）、神原、小宮、西村、田渕の各弁護士。控訴審第６回口頭弁論 2012 年６月 18 日の報告会。この日新聞各紙は三等海佐の内部告発を大きく報道した。

でも、君は取り乱したり、落ち込んだり、そんな様子は全くなかった。むしろ、何も知らない俺を、いつもの調子で笑いながら、からかっていたんだね。「神原さん、相変わらず何にも分かっちゃいないんだね」と。

それから、君は癌のことを勉強した。すぐに、医者より癌に詳しくなってしまった。それは弁護士としての、君のいつものやり方だった。そして、君は、自分なりに、癌の克服方法をみつけ、それを実践することを決意した。

君はいつでもそうだったな。刑事事件。労災事件。誰もが「もう駄目だ」と思う事件でも、君は最後の最後まで諦めなかった。自分で研究し、瞬く間に専門家より詳しくなってしまった。そうやって、君は無罪判決や画期的な判決の山をいくつも築いてきた。かっこよかったよ。本当にかっこよかった。

君は俺に言った。「これで駄目なら、寿命だったんだよ」。まるで、判決を待つ弁護士みたいだった。君は判決前にやるべきことは全てやり尽くし、静かに判決を待つ男だった。「これで駄目なら、裁判官が悪いんだよ」。俺には、君の言い方が、いつもの君の仕事ぶりに重なってみえた。

君は、死ぬことを決して恐れなかったな。でも、最後まで諦めなかった。最後まで治す努力を止めなかった。最後まで、自分のやり方を変えなかった。最後の最後まで、生きることを諦めなかった。それでいて、静かに泰然としていた。今やるべきことを静かに続けていた。立派だった。本当に立派だった。

阪田さん、去年の一二月、国会正門前、覚えているか。俺は秘密保護法に反対するデモ隊の見守りをしていた。君は、重大案件をいくつも抱え、本当に忙しいのに、夜中まで、国会前のデモの警護に付き合ってくれた。あのとき、警官隊との衝突で逮捕者が出たな。君は夜中の二時までかかって接見してくれた。そして、見事にデモ参加者を釈放させた。真面目で、仕事熱心で、仲間に優しくて、それでいて、本当に熱い奴だった。

君はちっとも休まなかった。一月くらい温泉に行けよ。ハワイにでも行ってこいよ。俺は君に何度もそう言ったが、結局、かなわないままになってしまった。

だから、阪田さん、今度こそ、今度こそ、ゆっくり休んでくれ。君が残した課題は、若い弁護士たちがやってくれる。天国で待っていてくれ。いつか、また、あっちで会おう。そのときは、また、色んな事件の話をしよう。それまで待っていてくれ。君は、本当に、本当に、最高の奴だったよ。

さようなら。

自衛官の命と尊厳を守れ！――照屋寛徳

今、わが国の自衛隊の組織と自衛官の任務が大きく変貌と転換を遂げようとしております。

安倍内閣は、五月一四日の臨時閣議で新法「国際平和支援法案」と自衛隊法、周辺事態法、武力攻撃事態法など一〇本の改正法を一括した「平和安全法制整備法案」を決定し、通常国会を延長して、今国会中に成立させようと躍起になっております。

平和憲法の精神にのっとった「専守防衛」の自衛隊が、米軍と一体化・融合化し、地球的規模で戦争を「切れ目」なく遂行する「軍隊」へと変わるのです。

当然、自衛官の任務も「わが国の平和と安全」を守る使命から、戦地で殺し、殺される関係へと転換を強いられます。それらは全て、安倍総理の欺瞞的「積極的平和主義」と憲法解釈の変更による集団的自衛権行使容認の名の下に強行されんとしているのです。

今年は敗戦から七〇年。私たちは、今こそ不戦の誓いを新たに、わが国が「戦争国家」ではなく「平和国家」として歩んでいくよう覚悟を決めなければいけないと思います。

私は国会議員として、弁護士として護衛艦「たちかぜ」裁判に関わってきました。

その活動の最大の理由は、自衛隊の存在については様々な政治的見解で分かれるものの、自衛官一人ひとりの命と尊厳は最大限尊重されるべき、との立場に基づくものでした。

護衛艦「たちかぜ」の東京高裁における逆転全面勝訴は、自衛隊内におけるいじめ、恐喝、暴力行為などを受け、自殺に追い込まれたT君の無念の死の悲しみを怒りに変え、長年にわたって真実追求に奔走した母親の執念の勝利であります。母親のわが子に対する思いが、強大な国（防衛省）に勝ったのです。

T君、今や仏教の「六道輪廻《りくどうりんね》」の天界にて父親と談笑し、母親と姉を優しく見守っていることでしょう。

T君、天界で一緒の父も、残された母と姉も、嘆き苦しみながら、あなたの「生きた証し」を勝訴判決という形で残したのです。もちろん、隊内の不正と不条理を告発したAさんの勇気も味方してくれました。合掌。

（弁護士／衆議院議員）

支援者から

裁判を振り返る

大倉忠夫

長過ぎる裁判は裁判の拒否に等しいという言葉が年寄りにはつくづく身に沁みる。この裁判がとりわけ長過ぎた訳ではない。裁判を職業とするものから見れば、この裁判にかかった年月は普通のことであろう。国を被告とする事件で裁判が長くかかる最大の原因は被告側の証拠隠しだ。証拠の大半は国側が持っている。請求原因の立証責任は原告側にある。この裁判の構造に証拠隠しが加わると早期結審は原告に決定的に不利に働く。原告側はあの手この手を工夫して証拠を法廷に引き出さなければならない。原告側のこの努力が結審を急ぐ裁判所には、時に厄介に見えることもあるだろう。裁判には真実を極める誠実さが必要な所以である。

この裁判では弁護側の有能さと誠実さが際立っていたが、国側の訴訟関係者の中に誠実な人がいて証拠隠しを内部告発した。これは一種のハプニングであったが、ハプニングを生み出す誠実さが弁護側の訴訟活動にはあったと思う。それが信頼を呼び、勇気を生み出したのだ。

弁護団は折りあるごとに支援活動の高揚を高く評価してくれた。それはこの会を献身的な活動で支えてくれた方々があったからであり、呼びかけに応じて

「たちかぜ」裁判を支える会代表・弁護士、大倉忠夫さん。

多くの方々が協力して頂けたからであり、感謝申し上げたい。

終わりに当り、皆さんと共に考えてみたいことに言及したい。昨年（二〇一四年）の『法と民主主義』八・九月合併号の「時評」に掲載された一弁護士の議論です。専守防衛論が理論的には集団的自衛権を導いたもので、「武力によらない平和」こそ九条が求めるものであることを再認識する必要があると言い、その上で、九条も安保も容認という二律背反となっているのは、護憲勢力が安保違憲論を回避したことにも責任があると論じ、例として米軍爆音訴訟や沖縄県知事代理署名訴訟などを挙げている。今この紙面で深入りすることは出来ないが、私は二律背反は憲法九条と安保体制の実施という現実にあり、世論はその反映だと思う。爆音訴訟では被害者の人権救済にとって、安保違憲論を言う必要がなかったのであり、たちかぜ裁判でも自衛隊違憲論を主張しないのは訴訟上必要がなかっただけであろう。自衛隊員に限らず、無視されがちな人の人権擁護の課題に取り組むことは、九条に対する私たちのスタンスは関係なく可能であり今後も必要であると思う。

（弁護士／「たちかぜ」裁判を支える会代表）

署名集めと傍聴の取り組み

栃木・平和と自衛隊員の人権を守る会

私たち「平和と自衛隊員の人権を守る会」による「たちかぜ裁判」を支援する運動は、二〇〇八年九月の一審横浜地裁証人尋問以来足かけ六年に及びました。具体的な支援活動としては、裁判の傍聴並びに署名活動、防衛省への要請行動、そして講演会などの広報活動を展開してきました。

ただ、当初は「たちかぜ裁判」への世間の関心は必ずしも高いとは言えず、二〇一〇年七月の本会正式発足の後も、会員数は少数にとどまり、会発足を伝えた新聞社も一紙にすぎませんでした。このためせっかく講演会を企画しても、参加者は数十名どまりで十分に世論の関心を高めることができず、会員頭打ちの状況が続いていました。

会員の力量不足に悩みながらも、傍聴行動と署名集めには、各団体の皆さんのご協力により、大きな成果を挙げることができました。特に裁判傍聴では、栃木から常時二〇人以上の参加を確保でき、全体の傍聴者数が六〇人前後にとどまる中、裁判闘争を支える上で有力な力になりえたのは、心強い成果でした。これはひとえに各団体の変わらぬ支援の結果であり、特に部落解放同盟の皆さんから毎回多くの方の参加と保有バスの提供を頂いたことが大きな力となったことを明記し、感謝申し上げたいと思います。また、艦長の証人尋問が非公開の出張尋問となったことへの防衛省での抗議行動では、社民党の協力を得て福島瑞穂党首（当時）の同席の下、事務次官に二〇分余にわたり抗議を伝え、官僚トップに各種要請を行うことができました。

裁判闘争としての「たちかぜ裁判」は、アンケート隠しに象徴されるように国側の卑劣と断じていい不誠実な対応が常に原告側立証の前に立ち塞がり、いじめ体質を長年にわたり温存してきた自衛隊の組織としての闇、隠蔽体質に切り込めなければ展望の開かれない、実に苦しい戦いを強いられました。その閉塞状況はしかし、自衛隊の組織の中から、リスクを顧みぬ良心の声によって切り崩されることになりました。海上自衛隊の中から内部告発の声が上がり、二〇一二年四月に陳述書が提出され、自衛隊も一転アンケート原本の存在を認めるに至ります。いじめ体質に加え、自衛隊の隠ぺい体質、司法も道義もないがしろにする卑劣さが明らかになり、「たちかぜ裁判」は世間の大きな注目を浴びることになります。岡田弁護団長が日ごろ「この裁判は、裁判二つ分のボリュームがある」と述べていた問題性の深さが、世間にも理解されるようになったのです。以後、県内各紙がこの裁判を度々大きく取り上げるようになり、全体の傍聴者も九〇人を超えるようになりました。二〇一四年四月、「たちかぜ裁判」は被害者を死に追い込んだ国ら被告の法的責任と故意による隠ぺいを断罪した全面勝利の判決を勝ち取り、確定します。

「たちかぜ裁判」を支援する私たちの取り組みは、最後まで一般市民への横の広がりは不十分なまま、しかし長く平和運動に携わった会役員と参加団体の頑張りによって、会の力量以上の成果を何とか絞り出すことができました。残念ながら「たちかぜ裁判」の後も自衛隊のいじめ体質は改善されず、同じ横須賀基地で同様の悲劇が再び繰り返されました。文書隠ぺい者への処分も軽く、自衛隊の体質改善に向けた本気度が疑われます。自衛官の命と人権を守る取り組みは、現政権が軍事化を急速に進めている状況下で一層重要となり、そのためには市民への横の広がりを進めることが今後、不可欠といえます。世の中に広く自衛官の命と人権を守る取り組みを訴えるためには、これをきちんと平和運動の中に位置づけることが重要です。社会一般のパワハラやいじめとは、軍事組織である自衛隊内の虐待死は基本的に大きく異なる性格を持ちます。自衛隊内の人権状況こそは、キナ臭さの漂い始めた今の日本の危険度が直接反映される急所なのです。

戦時下は今日の社会に急速に迫り、その芽を育てるものです。タカ派為政者は、平時から人々に対立国への敵愾心を植え付け、戦時向け法体制（戦争法案の国会審議）を整え、緊張を煽り戦争の備えを進めます。その備えが、平時において真っ先に最も敏感に訪れるのは紛れもなく自衛隊です。常に平時と戦時の狭間に置かれる自衛隊員の命と人権は、中央即応連隊の創設時に「自衛隊で真っ先に死ぬのは我々です」と叫ぶ指揮官の下で、どんな状況に置かれるのかは火を見るように明らかです。集団的自衛権行使容認でどう変わるのでしょう。秘密保護法施行で国民の目が届かなくなれば、どう変わるのでしょう。平和の尊さが命と人権にあるとするなら、それが守るに値するなら、自衛官の皆さんに今日、今現実に起こっている事態を、私たちは決して許してはならない。万一それを看過するならば、その事態は明日私たちに訪れることになる。日本は既に、そういう時代に入っているのです。

異例づくめの事件、裁判だった――網谷利一郎

異例づくめの事件、裁判だった。今も取材ノート三冊が手元にある。

匿名発表＝〇四年一一月八日、海自の発表は後輩隊員への暴行容疑で「二等海曹、男性、三四歳」を逮捕した、との内容だった。やくざまがいの暴行事件に「なぜ、名前を出さないのか」と追及すると「プライバシーだから」と海自。「これは変だな。裏がある」と感じた。

Hさん＝翌日、神奈川県版に「容疑者を匿名発表」と四段の記事が出た。その夜、インターネットで記事を見た宮崎県のHさんから「自殺者がいるかも」と電話をもらった。隊員だった息子が自殺したHさんが連絡して照屋寛徳議員が国会で追及し、海自はやっと「S」の名前を公表した。

裁判官が自殺に言及＝初公判で裁判官が反省の乏しい被告に「暴行を苦にしたとみられる隊員が自殺したのをどう償うのか」と突然指弾した。傍聴席の最前列に遺影を持つ両親がいるのがわかり、自殺事件が公になった。

怒りを忘れず＝今回の事件は毎日新聞の報道から動きだしたが、「後追い」の他社が海自の発表を無批判にたれ流ししたり、裁判を軽視したのは残念だった。「怒り」を忘れた記者はいらない。

母は強し＝「原告の母」とHさんの絆を、長い取材で強く感じた。国側の訴訟引き伸ばし、隠蔽工作。厳しい訴訟の途中で亡くなったお父さんが、顔が土気色になりながら裁判に通う姿が、今でも胸に刻まれている。

（毎日新聞横須賀通信部元記者）

自衛官人権裁判が明らかにした新しい視点――鈴井孝雄

初めてたちかぜ裁判に行ったのは、横浜地裁判決日だった。浜松の事件に関わるようになってから。原告のお話を聞くといつも涙が流れる。かけがえのない命を失ったものの悲しみは、簡単に癒えるものではない。ましてイジメられ、自衛隊からは濡れ衣を着せられ、情報を隠された。救いは現職自衛官の勇気ある訴えだった。自分がこの立場に立ちうるか、本当に頭が下がる。

たちかぜ裁判が改めて明らかにした視点、それは、命令する側とされる側の違い。憲法九条を素直に読めば自衛隊は違憲の存在に間違いない。だが違憲だと言って消えてなくなる訳ではない。専守防衛の理屈の中で拡大した。だがいよいよ安倍政権下で現実に戦闘行為に行き着くかもしれない。その時、命をかけて戦わされるのは、末端の自衛官である。安倍首相は、絶対に前線には行かない。前戦で死ぬことを褒め称える教育がなされ、マスコミが囃し立て死んだら英霊になる。嘘を暴けば秘密保護法で弾圧する。

私たちは、この二層制をはっきり見抜き、自衛官に寄り添い、権利を主張できるよう、連帯の輪を広げていきたい。

（静岡県平和・国民運動センター）

三佐との出会い――大島千佳

控訴審の傍聴の最中、三佐の存在を知ったときの衝撃は忘れられません。メディアで働く人間として発信しなければならないのではないか。しかし、三佐の意向は……？

三佐に取材を申し込み、初めて会ったのは、二〇一二年の秋でした。緊張していた私の前に現れたのは、同じく緊張した面持ちの物腰の柔らかな男性。自衛隊組織に留まりながら告発を試みた三佐にとって、マスコミの取材を受けることは、さらに自らが不利な立場になるリスクがあったはずです。しかし彼は熟考の上、報道することに同意してくれました。

取材をして驚いたのは、三佐から「自衛隊への愛情」が感じられたこと。「自衛隊を健全化したい」「将来もずっと自衛隊のために働きたい」。根底には、その思いがあったのです。組織を告発する過激な自衛官……そんなイメージとはほど遠いものでした。三佐は、自衛隊内で何度も「アンケートは存在する」と訴えましたが、組織は耳を貸さず、苦渋の決断で裁判所に通報したのです。

二〇一四年の二審判決直前、日本テレビの「NNNドキュメント」で『自衛隊の闇　不正を暴いた現役自衛官』を放送しました。番組の締めくくりは、裁判所前で撮影した三佐の一言。

「私は組織のために仕事をしているのではなくて、国民のために仕事をしていますので、私の態度は矛盾したものではないと思っています」。

これから先、三佐ほど心動かされる人物を取材できることはないかもしれません。彼に出会えたことは、私にとって一生の財産です。

（フリーランス／番組ディレクター）

[支える会　座談会] たちかぜ裁判をどう活かしていくのか

総監部での放送

新倉　木元さんは海上自衛隊横須賀地方総監部の前で、いつ頃からアピールをしていたのか、「たより」（非核市民宣言運動・ヨコスカ）で調べたら、一九九二年の八月のカンボジアＰＫＯの時が最初でした。
木元　平和船団に乗っての放送ですね。
新倉　海自総監部の前でも、ほぼその頃から。
木元　そうだと思います。その前から広沢さんがやっていたし、新倉さんも。
新倉　今、二〇一五年だから二三年前。随分昔です。
矢野　でも、一九九二年は我々の感覚ではついこの間（笑）。
木元　座談会の流れですが、最初にどんな思いで支援していたのかというところから始めて、運動との関連にいくというのは。
新倉　それは基本テーマですから、本編の中でいろんな方から語られると考えて、ここではあえて運動的な側面に絞って、座談会骨子を用意しました。
沢田　木元さんの経過報告（第1部参照）には細かく書いてあるよね。読んでみて、こういう流れだったのかなと。あれは自衛隊の残した文書から経過を追っているわけでしょ？

木元　控訴審で提出された乙八九号証の三（海自が作成したTさん自殺直後の「経過概要」）を読んで、こういう経緯だったのかと、初めて知ったこともありました。

矢野　木元さんの文章では、自衛官を取り巻く環境が悪くなってくるなかで、気持が殺伐としたものになっていく、そういう中で事件が起きてきたというところがわかりやすく出ていると思う。僕は子どもの頃、北海道だったから自衛官の子どもが身近にいた。こちらに来てからも厚木基地のそばにいたから、うちの子と自衛官の子どもが同級生だったり、身近な存在だった。そういう中で、自衛官というと特別な組織でありながらも、今回の事件のようなことはないんじゃないかという思いがあった。しかし、この裁判で自衛隊内のことを知ってくると、いろいろ大変な組織になってきたんだなということがわかりましたね。

新倉　「すべての基地に『NO』を・ファイト神奈川」では、一九九九年に周辺事態法の成立を受けて、「憲法九条が自衛官を守っている」という意見広告を神奈川新聞に出しました。同じ時期に「さわぎり事件」が起きて、その後に「うみぎりの事件」が起きる。そして有事三法ができて、「たちかぜ」の事件。自衛官を巡る法的整備、自衛官の戦死を前提とするような法的整備が時代的な背景としてあった。自衛官一人一人がこうした時代背景をどれだけ意識していたかはわからないけれど、時代的な符合性はあるように思う。うみぎりの放火事件で、私たちは逮捕された自衛官に面会したり裁判を傍聴したりする中から、自衛官の人権問題にかかわるようになった。

九条が自衛官を守っている

沢田　「九条が自衛官を守っている」という言い方はいつ頃から？

新倉　一九九一年、湾岸戦争の後に遺棄機雷の片付けが、自衛隊の最初の海外派遣です。その時から戦場に行くなという呼びかけはしていた。カンボジアPKOではホットラインを開設。だから九〇年代初めにはそういう言い方をしていたんじゃないか。

小原　九条が強調されるようになったのは、九条が危機だと言われるようになってからじゃないの。

沢田　湾岸戦争の直後ですね、意識化されてきたのは。自衛官の人権という視点は。

新倉　でも、運動周辺からは、相当違和感をもたれた。

沢田　今だって違和感はもたれている。

新倉　「九条が自衛官を守っている」のパンフレットを作ってすぐのころ、ある反戦市民運動でその話をする機会があった。「そうなんだ」という共感は小さかった。浜松基地の航空自衛官自殺事件を担当した塩沢弁護士は、自由法曹団の中で、肩身が狭かったと、「たちかぜ」のシンポジウムで話している。

沢田　ホントに肩身が狭かったの？　神奈川としては、そのへん違和感はなかったでしょ。

新倉　自衛艦が海外に出て行く現場で、自衛官を目の前にして、自衛隊が九条に違反していることを、とうとうと述べてもあまり意味は無い。「九条が自衛官を守っている」は、「戦場」に向かう自衛官に届けという思いから生まれた言葉だと思う。

沢田　接しているかどうかだけではない気もする。私は特に接してないから。ただ、サラリーマンやって、仕事たいへんだなと思うとき、自衛官は多分もっと大変なんだろうなと、そう思うわけでしょう。自分の生活体験から。

新倉　そのへんも含めて、労働運動の人たちが支援したというのも、たちかぜ支援の一つの特徴だと思う。

沢田　労働運動がどう支援したの？

新倉　佐藤さん（北海道で女性自衛官のセクハラ・パワハラ訴訟を担当した弁護士）は九条があるから自衛隊の特殊性を国に言わせなかったと言っている。川口さん（名古屋で航空自衛隊のイラク派遣は違憲と訴えた訴訟を担当した弁護士）は、日本の左翼、護憲運動は、自衛官を国民の一員として見ていないんじゃないかと言っている。自衛官も国民であるのは当たり前なことなんだけど、力を入れて言わなければいけないような現状が、法律家集団の中にもある。塩沢さんが肩身が狭いと言うような状況。そこを当たり前のものなんだと自衛官の人権裁判が切り開いてきた。

内部告発はなぜ生れたか

沢田　要するに九条、憲法は自衛官にも及ぶということだね。

新倉　九条に守られているということには、二つの側面があると思う。九条に代表される平和憲法に、個として守られているということがひとつ。もうひとつは、九条がある故に自衛隊が戦闘行為をしていない、そのことによって自衛官の命が守られているということ。この二つの側面から守られてるということを、この裁判はやってきたんじゃないか。

沢田　原告の立場から言えば、自衛隊の存否以前の問題でTさんの人権侵害の最たる例が、自殺に追い込まれたということでしょ。そこに、あれこれ意味づけをする必要はないんじゃないか。

新倉　内部告発がなぜ生まれたのか。岡田さんはこんなふうに言っている。「たちかぜ裁判」は、今沢田さんが言ったように、これを一つのとっかかりとして自衛隊を糾弾する、というのではなく、あくまでも自衛官の人権ということに焦点を当てて裁判をしてきた。だから内部告発は生まれたのではないかと。

沢田　そのことの意義が大きかったと言っていたね。

新倉　誰にでも思惑はあるかもしれないけれど、それでも早い段階から支援の側では整理されていたと思う。手段としての自衛官の人権問題ではなく、本当の意味で、自衛官の人権という立て方ができた。

沢田　自衛官の人権が本当の意味で尊重されるというのは、安倍首相のやろうとしている自衛隊の像とはずいぶん違う実体になるわけでしょ。九条違反ということだけではなく、そうした出口を僕らは作らなければならない。

矢野　佐藤さんにしろ川口さんにしろ、いろいろな職場の人権、自衛官の人権侵害について相談を受けて、ひとつずつ解決していっている。普通の職場にするということがひとつの目的で、それができるのは憲法九条があるから、軍法がないからだと。それをやっていくことで、人権を守っていくことにつながる。それは当該の自衛官だけでなくて、自衛官全体の人権を守っていくことにつながると。

木元　岡田さんは、自衛隊自身は憲法違反の組織であると言っている。ただ、現実にそこに所属している人たちの人権問題には、それはそれで取り組んでいかなければならないんだと強調していたと思う。わたしは二〇〇〇年五月に、さわぎりが横須賀に入港してきたときに、たまたま一般公開で乗船した。周辺事態法が通って、現場の自衛官はどう受け止めているのか、それを聞きたくて。「周辺事態法できて怖くないですか」と若い自衛官に聞いたら、「法律よりも先輩達の方が怖いですよ」と言っていた。意外な答えでした。艦内でひどいいじめ、パワハラがあることを、その時点では知りませんでしたから。その後、さわぎりの判決をあらためて読み直したら、判決は、電通の過労死判決（二〇〇二年、最高裁）、あれがベースにあるんです。毎月一〇〇時間を超えるような残業を強いられることは心理的負荷の拡大で、そういう事態がないように管理監督者はちゃんとしなくてはならないという判決を引用して、さわぎりのやっていたことは安全配慮義務違反だと。裁判所自体もいわば自衛隊員を普通の労働者とみてあの判決を書いている。だから過労死裁判みたいな流れも、労働運動やっている人がいろいろ手伝って一緒にやってきたわけですけれど、そういうことの流れもあって自衛官の人権というのがだんだん多くの人々の中に根付いていったのかと思う。

小原　そこはちょっと違うんじゃない。たちかぜ裁判は、労働運動として行われてはいないでしょ。平和運動や反基地運動に関わっている労働組合が参加していたけど、労働運動の範疇としてそれを認識するとはなっていない。

小島　私がたちかぜ裁判に関わった理由は労働運動です。全造船浦賀分会書記長だった林さんがユニオンの執行委員で、広沢さんがユニオンの会計監査。二〇一〇年一一月に林さんが亡くなって、次の年の四月に声かけてもらって幹事になった。林さんは、ユニオン運動、非正規の運動、そういう少数派の、あまり光が当たっていない現場に関心があった。自衛隊員もその領域という認識はあったんだろうと思う。

安元　小島さんがたまたまユニオンに関わって、その誘いで参加したというのは事実としても、林さんや広沢さんが、たちかぜ裁判を労働運動として取り組まなければならないという形でやってきたわけではないと思います。

小原　だから、林さんの運動の幅ですね。

安元　広沢さんが支える会を作るときに、林さんに事務局長を依頼したのは、それまで林さんがじん肺裁判等の支援をしていて、裁判のことをよく知っているからというのであって、だからユニオンの運動の一環という形ではないと思う。

小島　自分の関わりがそうだった、ということです。

沢田　「たちかぜ」のいじめ自殺は、ユニオンが対象とするような労働現場でのパワハラとか、パワハラが元になって解雇とか配転とか、テーマとしては通じるものがある。だから、反基地運動とか反自衛隊運動よりも、ユニオンで案件を扱っている人の方が距離は近いとも言える。この問題にアプローチしやすい要素は持っていたのかなと思う。

小原　ブラック企業の問題は、それ以降だね。

新倉　広沢さんが、林さんに事務局長を依頼したのは、安元さんが言うように、組合分裂があって、浦賀分会当時から少数派労働運動の中で、裁判を運動の軸にして実績を上げている。そのことに対する信頼感だと思う。浦賀の裁判にしてもじん肺の裁判にしても、労働現場の中で弱い人たちが被害を被ったまま救済されない状況に風穴をあけた。それは労働運動の中で育ってきたひとつの力じゃないか。

安元　それは横須賀の特殊性というか、つまり他の地域と比べて市民運動と労働運動の共闘がうまくいっているということで、労働運動全体から見れば……。

小原　それだと、労働運動を高く評価し過ぎてしまう。

新倉　いや、だからこそ高く評価したい。

安元　労働運動に多少関わっているから、そういうふうに評価しては、逆にまずいと思うところがある。横須賀の特殊性が、いい意味で出て来ているとは思うけど。

新倉　でも、じん肺の裁判を支えていくつかの成果を上げてきているのは、労働運動が作ってきたものでしょ。

小原　労働運動というより、正確に言うと、地域共闘の積み上げみたいなところに労働組合も参加してというようなことかな。

安元　横須賀地区労の歴史的な位置、そういうのはあると思うけど、労働運動全般と言っちゃうとね。

自衛官への思い

安元　自衛官への呼びかけはすごく大切なことだと思う。自衛隊に対してものを言うということは他の地域の運動でもあると思うけど、横須賀では自衛官一人ひとりに呼びかけるということを一九七六年からしていると聞いて、すごいなと思う。

新倉　ベースにあるのは反戦米兵の支援運動です。

安元　そこが他の反基地運動と違うところかな。

新倉　自衛官に、自衛官を九条が守っているんだということをわかって欲しいと、繰り返し伝えるのは、兵士が市民意識を持つことの重要性を考えるから。今、自衛隊のシビリアンコントロールは、コントロールすべきシビリアンの側がむしろ好戦的という状況がある。だから、兵士が市民意識を持つことが重要になると思う。自衛官の市民意識が、軍事行動に関わることに対する、ある種のブレーキ、抵抗感になると。

安元　軍隊が市民に銃を向けることはありうること。六〇年安保でも、その可能性があった。その時に、今新倉さんが言ったように、自衛官一人一人が市民をどう見るかは大切だと思う。そんなにすぐ浸透するわけでもないと思うけど。

新倉　六〇年安保では治安出動できなかったし、おそらく今も治安出動はそう簡単じゃないと思う。自衛隊の中からの抵抗もある。敗戦で軍事力を持つことの意味がゼロになったところから、占領政策で作られたにしても、九条は日本の国民の中でベーシックな価値観となっている。自衛隊に対する抵抗感は今、相当なくなっているかもしれないが、それでもやはり強いと思う。だから、自衛隊はかなり特殊な軍隊として育っていると言っていい。基本的には災害出動。一方で、これだけ戦力的には、あるいは軍事技術的には世界有数な軍隊なのに、六〇年も実際の戦闘は行っていない。それって、やはり特殊な軍隊じゃないか。特殊な軍隊にあらしめている力が九条でしょ。

沢田　ニーズの一番は災害救助。実績としても東日本大震災も含めてだけど、そういう実績を自衛隊自身が作って、国民はそういう目線で自衛隊を見ているところがあるとは思う。「イスラム国」と戦うとは思ってない。

小原　いや、ちょっとそれは疑問だな。今年戦後七〇年で、安倍首相がどう言うかが議論になっているけれど、今、ここに参加している人たちだって、あらかた五〇、六〇なわけです。三〇代の若者にそんな話は全然通用しないじゃないか。自衛隊も同じだと思う。五〇、六〇の自衛官は、我々が言っているような九条の問題も含めていろいろ意識しているとは思うけれど、今の二〇代、三〇代の自衛官はどうなんだろう。

新倉　東京新聞の半田滋さんが、昨年発刊した『日本は戦争をするのか』（岩波新書）に書いている。武山の陸上自衛隊高等工科学校に取材に行って、アトランダムに一〇人に入隊希望を聞いたら八人は災害救助、二人が国際貢献だった。国土防衛や日米同盟はゼロ。国際貢献もストレートな軍事力行使とはちょっと違うでしょ。小原さんの言うことはわかるし、敗戦意識がどんどん薄れているのも事実だけど、自衛官の意識が大きく変わっているかというと、そうでもないんじゃないか。

小原　ネットでは右翼的な情報が飛び交っているし、一人二人で寮の中にいる自衛官は、結構持っていかれているんじゃないかって気がするけど。

新倉　半田さんが聞いた一〇人がたまたまそうだったのかはわからない。同じ半田さんの記事だけど、防衛大を卒業したあとの身の振り方、世の中やばくなると、卒業した後に自衛隊に行くのを辞める人が多いという記事もある。心配な要素はたくさんあるけど、冷静な目で見れば、まだまだなんとか信じていいんじゃないかという気がする。

木元　信じるというより、自衛官は変わるものだと思う。政府はこういう法律作って、おまえ達の任務はこうだって言っても、それを一〇〇％正しいと思ってやるような状態ではないでしょう。インド洋派遣に八年以上行かされて、最後パキスタンの艦船ばかりに給油して、あんなことやって、どこが国際貢献と確信できるのかと私は思うわけ。やっぱり思い悩むと思う。なんで俺たちこんなことやっているんだろうって。だから自殺者も出るし。情報統制はきついけれど、それでもいろんな情報を自分で得て、判断できるという素地が、かつての戦中に比べればある。その中でいろいろ考えている自衛官は多いと思う。仕事がきつくなればなるほど、それに疑問を持って反発する自衛官は出てくるし、そういう自衛官をどれだけ支えていけるかが、反戦運動の重要なテーマのひとつだと思う。

どう自衛官の人権を守るのか

矢野　今度のように海外の邦人救出だと言われると、自衛官はそんな任務あるのかと驚くだろうね。

小原　でも、外堀埋まってるでしょう、結構。

矢野　何も言えない立場に置かれているから、命令があれば行かざるを得ないと思ってしまうかも。

新倉　大分前の話だけれど、子どもたちのための新ガイドライン学習会というのがあって、二〇人くらいの小学生が集まったことがある。保護者の中に現役の海上自衛官がいて、彼は命令が出たら私は行くって言うんだ。どんなにひどい命令が出ても自衛隊で飯食っている以上、命令が下されれば行くと。みんなそうだと。だからそんなひどい命令を出すような政府を皆さん作らないでほしいと言うわけ。とんでもない政府を作らないためには、自衛官も力を出さなければだめなわけでしょ、他人事じゃなくて。でも、そこで、行きませんって言うのはやはり大変なことだと思う。本音は行きたくないという自衛官の思いを、私たちがどう支えることができるのかが問われている。

木元　たちかぜ裁判の中で一番ショックだったのは、一審の時の文書提出命令で出て来た六三通の答申書。あれだけ艦内で暴行があるのかというのが信じられなかった。旧軍で言えば下士官と呼ばれる中堅隊員が、若い隊員を殴ったり蹴っ飛ばしたり。S二曹みたいに恐喝までやるというのは他にはなかったと思うけど、自衛隊の中ってこんなひどいのかという思いだった。それを外に向かって訴えていかなければいけないし、その中で傷ついている自衛官の人権を守っていくことが大事だなと痛感しましたね。

新倉　「うみぎり」の調査報告書にも、町に出てからも殴られたことがたくさん出てくる。それは確かに我々の想像を遙かに超える。この間、総監部行ったときも、個人面談で全員に話を聞いたが、自分たちの想像を超えると幕僚長も言っていた。それをどうやって受け止めることができるのか。電話がもっとたくさんかかってくれば、もう少し外に知らせる手伝いもできるんだけど。

木元　我々への電話は減ったけど、弁護士さんへの電話は増えている。七月（二〇一四年）のシンポジウムで北海道の佐藤弁護士が言っていたけれど、いざというときに裁判を引き受けてくれる弁護士がいることは、自衛官はよく知っていると。そこまで来たわけですよ。

新倉　市民団体に電話するより、弁護士の方が安心はするね。

沢田　どのくらい増えているのか、興味深いよね。

矢野　新聞でもパワハラで処分されたとか、結構出ている。弁護士に相談して結果そうなったのか、あるいは内部で処理した結果が出て来ているのかそれはよくわからないけれど。

新倉　岡田さんのところにも相談が来ているということでしょ。

小原　それだけ自衛官にストレスがたまっているということでもある。

沢田　職務にまじめなというのは、A三等海佐だってそうでしょう。それで内部告発もやるわけでしょ。そういう人が実際にいるということだよね。

兵士運動ではなく

新倉　座談会骨子にもちょっと書きましたが、私たちは八〇年代に兵士運動研究会という集まりをもっていた。看板だけでほとんど活動らしきものはなかったが、自衛隊新聞というのを作っているということが「たより」に出てくる。木元さんのカンボジア訪問記は、もともと自衛官ニュース二号にのせる予定だったと。

沢園　いつ頃の話？

新倉　一九九二年。このころからずっと自衛官問題に関して、あれこれ考えていた。悲しい事件をきっかけにしてではあるけれど、自衛官の姿が具体的に見えてきた。自衛官の人権問題に関心持つ人も増えてきている。そして今、自衛隊が米軍と一緒になって軍事活動をするかもしれないという瀬戸際に立っているときに、ここがなかなか難しいところで、ここで一足飛びに兵士運動なんていうからだめなんだとも思うんだけど、兵士運動という作りではなくて、裁判を支援してきた私たちが、自衛官の人権問題に今後も関わりあうという中で、もう少し自衛官の問題に取り組めるような枠組みが作れればと思う。

沢田　兵士運動研究会なんて言葉遣いはなかなかですね。今、そんな名前付けないでしょ。

新倉　だから、もちろんそういうんじゃなくて、自衛官に対しての働きかけがごく自然にある、そのことが特別なことでも何でもない、そういう取り組みをめざそうということ。だから、今やっていることと、中味的にはそう変わらない。

沢田　「たちかぜ裁判」の原告のIさんや「さわぎり裁判」のHさんが、自衛官のいのちを守る家族の会を立ち上げて、その後は。

木元　サポーターなら誰でも入れる、親じゃなくても。

沢田　当事者の会が受け皿になれば、相談のハードルは随分低くなると思う。ここがうまく行き始めると、全国にネットワークがないことはないわけだから。連絡調整できればと思うんだけれど。

矢野　家族の会でホームページを作って、そこにアクセスしやすくなる仕組みを作れば、一つの受け皿にはなるね。それから弁護士もいて、基地の周辺での運動団体もあって、何か困ったことがあれば受け皿になりますよと。そういうつながりは必要だね。今までの運動、労働運動もそうだけれど、政府のやり方を批判する運動の中にも自衛官の立場を、盛り込んでいく、そういう足場を作れば、より対抗できるものになっていくのかな。

木元　自衛隊員は変わるものだということと、自衛隊員は弱いものだということがわたしの基本認識。今『惨事ストレスへのケア』（松井豊、ブレーン出版）という本を読んでいる。冒頭にこう書かれています。「消防職員や警察職員や軍人など、事故や災害のときに他者を救援する職業に就いている人々を（職業的）災害救援者と呼ぶ。こうした職業になじみのない私たちは、災害救援者はいつも勇敢で、どんな困難にも打ち勝つ精神力をもっていると思い込んでいる。この思い込みのために、災害救援者が、活動中に強いストレスを受けているという事実には、気づかないことが多い」。反戦平和運動をやっている人の中には、兵隊は命令一下、号令通りに行動するものだと思い込んでいる人も多いけれど、そういうものじゃない。今までの自衛隊の活動は個別の隊員の生き死にというところまで行っていないから、大きな反抗は起きていないようだけど、自分の命を的に戦闘やってみろというときには、何が起こるかわからない。たくさんのストレス抱えて自殺する隊員も、いまだに年間八〇人以上いて、そういう現状の中で人権侵害されている自衛官に対して、どうするのかというのが、私たちの課題だと思う。

沢田　この本、東日本大震災の二年前に書かれた本なんだね。

木元　今まで泣き寝入りしていたけれど、救済の道がずいぶん開かれてきたじゃない。そのこと自体は相当なインパクトを持っている。で、その後どういう方針が出るかというと、そう簡単ではないんですけどね。

支えになったのか

沢田　原告にとって支える会はどの程度、勇気を与えることができたんですか？　お母さんのつっかえ棒くらいにはなったのかな。

木元　つっかえ棒にはなったと思いますよ。

新倉　我々にできることは限られているけど、支援者がいなかったことを考えると、あるとないとでは大きく違うと思う。

安元　裁判の傍聴、これは絶対に違うと思います。傍聴者が一人もいなかったら、どうなったか。裁判の傍聴席が埋まっているということはとても重要ですよ。

木元　一審で証言していた若い三人の自衛官が言っていた。こういう状態だとは思わなかったと。傍聴席が支援者で埋まっていて、非常に心強かったって。安元さんの言うように傍聴席が空だったら、そうはならなかったと思う。

新倉　支援者である我々こそが、お二人の、何とかしてTさんの無念を晴らしたいという思いに支えられていた。支援運動というのは、だいたいそんなものだけど。

木元　控訴するときだって、一審でだいぶ勝ったと思ったけどね。

新倉　あそこで、原告お母さんに迷いがなかったというのはすごいね。

木元　運動家の考え方で言うと、反動の牙城の東京高裁なんだから。控訴しないという判断もあった。

新倉　勝つとか負けるとか、そういう判断を超越している。

木元　原告の迷わぬ気持に、私たちは支えられて高裁判決まで来ることができた。

沢園　あれで終わっていたら、三等海佐Aさんも出てこなかった。

小島　控訴審、正直言って、どういう展望になるのかなって。

小原　その頃までは、東京高裁だったんだよな。まさに。

木元　新倉さんと沢園さんとでご自宅に会いに行ったときに初めて聞いたんだけど、原告お父さんは肝臓悪くしていたので、この裁判を最後までやれないかもしれない、途中で亡くなってしまうかもしれないと覚悟していた。

その時は私がやらざるを得ないと覚悟を持って始めましたと聞いて、その決意の深さに驚きました。

新倉　強い人だと思いました。

木元　お父さんが生きていたときは、そんなに多く話す方ではなかった。

沢田　覚悟決めたら、絶対母親の方が強いって。

よりましな自衛隊?

新倉　話が変わるんだけど、裁判を支援してきた人たちの中では自衛官の人権問題はある程度定着しているし、言わんとすることも理解されている。でも、それって結局よりよい自衛隊を作るだけで終わってしまって、それでいいのかという人いると思うんだ。

沢田　より良い自衛隊ではいけないの。

小原　「より良い」の物差しが人によって違うでしょ。

沢園　二律背反みたいなもので、人殺せなくなるからいいんじゃない？　人権侵害のない自衛隊になったら、そのときは軍隊ではなくなるときだから。

木元　より良い自衛隊を目指しているつもりは私自身はないですね。目指しているのは、被害者が救済されればいいということで、その運動を通して自衛隊が変わっていけばいいけど。ただ、たちかぜに勝っても、はたかぜの件は、私たちが総監部に行ったときには説明もしなかったし、隠蔽体質はますますひどくなっている。

新倉　木元さんの整理は大事だと思う。より良い自衛隊を求めているわけではない、被害者が救済される、そこが重要だと。そこは我々の中でも言葉としてあまり整理されていない部分のような気がする。その上で、結果的に人権意識がどんどん自衛隊の中で高まって、いじめがなくなり、ということが、ある意味ではよりましな自衛隊になるんだから、それはそれでいいのではないかという整理の仕方もあるような気がする。

沢田　整理しなくてもいいんだよ。でも整理を求める人もいる。そういう人たちには納得のいく答えにはならないよね。

新倉　自衛官に対する我々のアプローチの仕方について、危なくて見ていられないというはっきり口にする人もいる。一方で、我々がまじめなのもよくわかると。それでも自衛官の人権を考えるということは、危なっかしいと。結局取り込まれていくだけで終わらないかと。

木元　私たちが声を大にして言わなければならないのは、自衛隊のあり様を現実に即して見ないと、運動が組み立てられないということだと思う。自分の頭の中で作った自衛隊像に対して反対だと言っても、全然リアリティはない。私はこの裁判で、かくもひどい組織かというのは、正直初めて知りました。ここまでひどいとは思っていなかった。それをマスコミが報道して、多くの人々に知らしめた意義は大きいと思う。取り込まれるという危惧はわからなくはないけれど、現実味がないと運動はできないでしょうと。

小原　取り込まれるということはないと思うけど。

沢田　ある方向に自衛隊を持って行きたい人たちには、うれしくない動きかもしれないね。被害者の救済を一生懸命やる団体がそれなりに相談件数も増やすということは。

新倉　うれしくないと思うのは誰？

沢田　国、自衛隊、政権サイド。

矢野　取り込まれるということはどういうこと？

沢田　メンタルヘルスなどの研究会を自衛隊が本気でやる気があるんだったら、たとえばHさん呼んだって、Iさん加えたっていいわけだよ。研究会にね。実際の当事者なんだから。そこまでいったら本物かなと思う。

矢野　そういうことが取り込まれるということならば、取り込んだ方も結構変わって行っているわけだよね。

新倉　だから、取り込まれてもいいんじゃないかって？

沢田　反自衛隊運動というところから出発すると、話がややこしくなるけれど、「これはひどいいじめだから、なんとかしなくちゃ」とアプローチしていく人にとっては、そんなに抵抗のない展開だよね。広沢さんだってそうだったと思うよ。彼の生い立ちもあったりするんだろうけども、これは見逃せないと思ったときに、自衛隊がどうとかという理屈で入っていないと思う。なまじ反基地運動とか反自衛隊運動とか長くやっていると、そのへんの評価がしにくくなる。まあ、人のこと言えないけど。

木元　お父さんとお母さんの動きに、これに応えていかなきゃならないよねと思って参加したんじゃないですか。

小原　権力犯罪は許せないという、整理の仕方は。

矢野　名古屋の川口弁護士が、自衛隊で訴えて、パワハラだとか、そして解決して戻っている人もいると言っていた。自衛隊でもそういうのはあるんだよ。

沢田　A三等海佐がどういうところに戻ってくるのか。

小原　一般の自衛官の中に、どのくらい知られているのかな。Aさんの存在って。

新倉　そういうことも、これからの取り組みの一つとしてあると思う。町中の自衛官に、「たちかぜ裁判」知ってますかと聞いて、どう答えてくれるか。そうした取組だけでも見えてくるものはあると思う。

矢野　海上自衛隊の中では、みんな注目していたんじゃないか。あれだけ新聞に出ているわけだから。

沢田　今、ネットでたちかぜで、すべてわかるよね、それは。

新倉　自衛官に聞く、というのは私たちの基本ですね。

Tさんの思い

矢野　取り込まれてもいいじゃないか論のひとつが、災害救援組織に転換するという考え。そんなことしたら自衛隊がどんどん大きくなっていくだけだと言われる。

新倉　自衛隊の災害出動の七五％は急患搬送なんです。とくに、沖縄の離島周辺なんかだと、自衛隊じゃないとできない。消防のヘリや民間のヘリは夜、飛べない。急患搬送は自衛隊、というシステムが作られている。そういう仕組みそのものに反論しないといけないわけだけど、現実問題として、急患搬送では自衛隊は現実に役に立っている。だから、自衛隊を災害救助組織に変えるというもう一方の回答を出して語らないと、自衛隊だからだめということだけでは、議論にならないと思う。

木元　そこがなかなか議論の難しいところで、我々の望むような議論にならないと思うんですよね。

新倉　批判はあっていいと思う。警戒心は手放すべきじゃないから。だけど、現実問題、地震はこれからも起こるわけだし、国家レベルでの災害救援をどう考えていくのか、という問題はどうしても存在する。海上保安庁の年間予算は一八三四億円（二〇一四年度）、イージス艦一隻分です。圧倒的に予算が違うわけだから。

木元　東京消防庁は二四三九億円（二〇一三年度）。イージス艦一隻分です。海上保安庁よりは多い。

新倉　消防庁、保安庁そして自衛隊からめて、救援組織のあり方をどうするのか、そういう議論がこれから必要になってくると思う。自衛隊を救助組織に変える云々を離れてもね。

沢田　海上保安庁がイージス艦一隻分の予算しかないというのは、昔から言われていたことだよね。気象庁が自前の気象観測ヘリ持ちたいと言っても、予算は全部自衛隊に付けて、自衛隊がやってしまう。予算的にはそういう仕組みになっているからね。

新倉　その辺のことも含めて、自衛隊を救援組織にシフトするという話は、かつてよりは、論として成立するし、考えてみようという人は増えるんじゃないかと思う。

木元　実態分析が必要なんじゃないかという気がする。現実に災害出動してどうだったのか、防災訓練のあり方は以前と変わっているのか変わっていないのか。そのへんの現実の検証をした上でしないと。

新倉　東日本震災の直後に、水島朝穂さんが『世界』に書いている。水島さんは阪神大震災以前から自衛隊の災害出動、あるいは防災訓練や防災装備をずっとチェックしていて、神戸の地震の時は私たちと同じ結論で、自衛隊活用論はだめだ、危ないと。しかし、東日本大震災では、自衛隊を活用すべきだという論文を書いた。阪神大震災以降の自衛隊の装備、災害救援のための訓練等にも言及して、自衛隊の方向転換を訴えた。木元さんの言うとおり、自衛隊の訓練内容や装備、それから重要なのは意識、自衛官の意識を、しっかりフォローしなければというのは大前提。話が、ここでのテーマを超える話になるけど。

矢野　現実問題として、災害救援をやりたくて自衛官になったという人がたくさんいるわけですよね。

木元　ただ、災害救援ということを一生懸命やりながら、国民の支持を拡大して、集団的自衛権の行使など、そちらの方に踏み込もうと、上の方は考えているわけでしょ。そこをどうするかですよね。二年前、瀬谷で行われた横浜市の防災訓練で、自衛隊が持っている装備を見たことがある。瓦礫の中で人を探査する機械、阪神の時には自衛隊は持っていなかった。それを今、標準装備として各部隊持って出ていく。そういうところで言えば、ずいぶん変わってきているなと思う。周りの人の意識も変わっている。いざというときに何をしてくれるのだろうという目になっているから、それにどう対応するのかはなかなか難しい問題だと思う。

沢田　難しいけど、外に行く武器装備じゃなくて、災害に役立つこっちの方に予算付けなさいよ、こっちの方が優先順位が高いよ、という話を含めて、提案する勢力がいるかいないかという話になると思う。戦車よりはブルドーザーをという言い方もあるわけでしょ。そういう主張があってもおかしくない。それを我々が言うかどうかは別だけど。

木元　この議論は、運動論的に見れば大いにやればいいと思うんだけど。

新倉　Tさんの入隊動機ということに絡めて、そんなに踏み込む必要はないんだけど、展望みたいなものはあってもいいのかなという気がする。

若い自衛官だけでなく

小原　さっき、新倉さんが半田滋さんが自衛隊への入隊動機の調査をしたと言っていたけど、その後の高等工科学校で、どのくらい災害救援の内実の研修やっているのか。ちょっと疑問なんだ。

新倉　自衛隊に入ったはいいけれど、自分の気持ちと全然違うということはあると思う。最近ホットラインにきた相談は、災害派遣ではなく技術的なことだった。希望と違うところに配属された、替えてくれと言っても、ちゃんと対応してくれない。ストレスがたまって、つらくなって実家に帰ってきたという話だった。そういう人はたくさんいると思います。自衛隊に入ってから国防意識に目覚める人も、もちろんいる。

小原　サバイバル訓練だって、いまだにやっているわけでしょう。

新倉　杉山隆男さんの『兵士に聞け』（小学館）を読んでも、災害救助に従事する部隊の連中は生き生きしていると、他の部隊の自衛官たちが言ったりとか。

木元　そういうインタビューありましたね。

新倉　役立っている、人を助けているという実感は、優秀な戦闘機のパイロットとはまた違うモチベーションだと。もちろん、世の中こういう状況になってきて、自衛官も国民の一人だから、今の日本の雰囲気そのままを色濃く持っているかもしれない。世の中がちょっと右に行っているのと同じようにね。自衛官だからその影響力がないということはないのはもちろんだけれど、自衛官だから殊更あるのというのも、それは違うと思う。国防意識に目覚めて自衛隊入ろうという人もいるけれど、ちょっと危ないんじゃないかと思う人もまちがいなくいると思う。

矢野　困ったなぁと思っている人はいるだろうね。

新倉　これまで自衛隊が選ばれた理由は、国家公務員で倒産の心配ない。遅配欠配もない。がんばればそれなりに自分でステータスあげることができる。人の役にもたつ。で、戦争しないという、最後の安全保障があったから自衛隊に入ったという人は多かったと思う。

矢野　二〇代、三〇代だったら辞められるかもしれないけど、四〇代、五〇代になってローンも組んでたりすると、辞められないですよ。

新倉　だから海外派遣が、ひたすら自分に回ってこないようにと思っているかもしれない。

沢田　四〇、五〇になると外へはいかないでしょ。

新倉　派遣されたインド洋で亡くなった海自の渡辺さん、あの方は何歳でしたか。

木元　五一歳かな。

矢野　S海曹だって結構年配になっても現場で仕切っている。

新倉　だから、決して若い人たちだけじゃないよね、「戦場」に行くのは。

矢野　自衛官は定年退職早いですよね。そうなると、自衛隊関連で再就職しなければならないわけだから、そうすると、ますます海外には行かないとは言いにくい。

加藤　高校の生徒の中でも、警察官か自衛隊になりたいとか、消防士難しそうだから自衛官になりたいとか、自衛官の方がニーズが高い。人を助ける職業として生徒は思っている。

小原　人を助けるんだったら消防士でしょう。

加藤　消防士は試験があるから。

受け皿を考えて

小原　最初の話に戻ると、今、自衛隊の中で何か言おうとすると、たたかれるわけですよ、ネットとかで。これは結構、若い人自衛官にはこたえるんじゃないか。それをどうするか、運動でね。

木元　若い自衛官の中には在特会みたいな意識を持っている人が結構いるということ？

小原　在特会みたいな連中から叩かれるでしょう。何か言おうとすればね。意気地無しみたいな。

矢野　右翼にも左翼にも頼るところがない自衛官。

小原　自衛官だけじゃなくて、今の若い人たち総体に対して、なんかやばいなって雰囲気になるでしょう。

木元　自衛官に、意気地無しとか根性無しとか言っても支持は得られないね。

沢田　おまえ達行けよって話でしょ。

小島　さっき、加藤さんが言われていたけど、自衛隊が就職先になっているという話。今の若い人たち、非正規が多いんですか、就職先は。

加藤　うちはすごく多い。

小島　すると自衛隊はいい就職口ですか。

加藤　そうですね。今ビデオが出てますよね。女子と男子で自衛隊かっこいいみたいな。

沢田　婚活もやっている。

沢園　テレビで求人のコマーシャルやってなかったですか。最近はないですが、ちょっと前に見てびっくりしました。

沢田　で、入隊して、聞いた話と違うとなったときに。この前もホットラインで一件あったわけでしょ。だから開設していることにとりあえず大きな意味があるから、一つの柱は働きかけだけれど、他方の柱はそういう受け皿をちゃんと用意して置くということなんじゃないの。「たちかぜ裁判」の教訓のひとつはそれなんだと思う。

矢野　今後、開設していますよというのはどういうふうにPRしていくんですか。

新倉　必要性を感じた人は、基本的にはネットで検索すれば繋がる。防衛大を卒業した幹部候補生で、遠洋航海に出る直前に辞めようかどうしようか悩んでいる自衛官の奥さんが、「自衛官、苦情」で検索したら私たちのホットラインにつながったということもあった。お二人に会って話を聞き、その方は無事自衛官をやめることができた。

沢田　いのちを守る家族の会とか弁護士とか、各地にそういうネットワークがあるよということが、連絡組織として告知をされるようなシステムができるといいね。

小原　でもそれはきちっとしたネットワークみたいのができれば、それはそれで破壊しようとするやつが出てくる。

矢野　いや、逆に破壊しようとしてきたら、それこそサイバー攻撃があったとかいやがらせがあったとかで、大きなニュースとして、逆に取り上げてもらえる。

沢田　ニーズは増えこそすれ、減ることはない。

矢野　高校で、学校ごと体験入隊すると話もあった。

沢田　大島高校、田無高校。

矢野　至れり尽くせり、全部お膳立てしてくれるからね。やる方としては楽だよね。

新倉　だってアウトドアの専門家だから。

沢田　かなわない。

新倉　そういう動きと綱引きしながら、でも、最大の味方は自衛隊の中にいるということを忘れないことがなにより大事だと思う。そして、我々のような存在を必要としている自衛官もたくさんいる。そこは自信をもってやるしかない。かつてと違うのは、インターネットの活用を含めて連絡の方法はいろいろある。チャンネルは増えている。

木元　マスコミの取り上げ方も、一昔前とは違って随分大きくなった。

矢野　では、それを最後の結論として終わります。

（二〇一五年二月一一日）

座談会参加者（発言順）

新倉裕史（非核市民宣言運動・ヨコスカ）
木元茂夫（すべての基地に「NO」を・ファイト神奈川）
矢野　亮（厚木基地を考える会）
沢田政司（相模補給廠監視団）
小原慎一（神奈川平和運動センター）
小島常義（ユニオンヨコスカ）
安元宗弘（じん肺・アスベスト被災者救済基金）
沢園　友（非核市民宣言運動・ヨコスカ）
加藤はるか（神奈川県高等学校教職員組合）

「たちかぜ」裁判を支える会事務局長
林充孝さん（故人、1938-2010年）

第3部●「たちかぜ」裁判——背景と資料

標的艦となった「たちかぜ」 横須賀長浦港で。2009 年 5 月。
写真提供：Rim peace

激増した自衛隊の任務と人権侵害

自衛隊の組織的ストレスの蓄積

自衛隊の装備は、質、量ともに世界でも有数な水準にあります。二〇一五年三月に竣工したばかりの「いずも」を筆頭に、「ひゅうが」「いせ」と三隻のヘリコプター空母、六隻のイージス艦を筆頭に四八隻の護衛艦、三隻の大型揚陸艦、一六隻の潜水艦、九一機の哨戒機をもつ海上自衛隊、約三六〇機の戦闘機、空中給油・輸送機、早期警戒管制機（AWACS）をもつ航空自衛隊、七〇〇輌の戦車と対戦車ヘリ七四機をはじめ四四〇機のヘリコプターをもつ陸上自衛隊と、弾道ミサイルなどの長距離攻撃兵器こそ保有しないものの、相当な軍事力です。

しかし、装備を運用するのは一人ひとりの自衛官です。人的要素から自衛隊を見ると、あまりにも多くの問題を抱えています。Tさんが亡くなった二〇〇四年から二〇〇六年にかけて自衛官・防衛省事務官の自殺者は一〇〇名を超えていました。現在も、八〇名前後の水準で推移しています。定員二四万七一七二人ですが、実際の自衛官は二二万五七一二人で、充足率九一・三%、多くの応募者がありますが、退職していく若者も多いのです。そして、「たちかぜ」事件を引き起こしたいじめ、理不尽な私的制裁など暴力の横行、組織が抱える問題を正面から解決しようとせずに隠してしまう隠蔽体質。

作家の結城昌治さん（一九二七〜一九九六年）は、戦争中の軍法会議が事実の認定を誤り、多くの兵士が事実誤認の「敵前逃亡」などの罪で処刑されていった事実を『軍旗はためく下に』で明らかにしました。一九七〇年

2015年3月に横須賀に配備された。ヘリ空母「いずも」。乗員はヘリコプターのパイロットと整備員を含むため、520名と多い。陸自隊員450名の搭載が可能。全長248m、全幅38mで、戦艦大和の263m、39mに迫る巨艦となった。

の直木賞を受賞した作品です。

「恩赦事務にたずさわる機会があって膨大な件数にのぼる軍法会議の記録を読み、その時初めて知った軍隊の暗い部分が脳裏に焼き付いていた。……取材にあたって痛感したことは、戦争の傷痕がまだまだ多くの人の胸に疼いており、国家がその責務を顧みないでいることである。……正当に裁判がおこなわれたことを示す判決書もないまま、逃亡兵の汚名は消えず、遺族の心が癒される道も閉ざされている」と執筆動機を述べています。

旧軍とは異なり、自衛隊には軍法会議はありません。憲法七六条の「特別裁判所は、これを設置することができない」という規定が、軍法会議を阻んでいます。自民党の改憲草案では、第九条の二―五項で「国防軍に審判所を置く」と定めています。審判所＝軍法会議です。また、かつての「陸軍刑法」「海軍刑法」とは異なり、自衛隊法の罰則に死刑はありません。防衛出動の際に「上官の職務上の命令に反抗し、又はこれに服従しない者」などが「七年以下の懲役または禁固」、これが最高刑です。防衛出動は一度も発動されたことはありませんから、この罪に問われた自衛官はいません。旧軍の

第１回日米共同輸送訓練のため呉地方総監部に入港したアメリカ海兵隊のドック型揚陸艦フォートマクヘンリーと大型揚陸艦「おおすみ」。全長は186mと178m。1999年７月撮影。中国は「おおすみ」の就役を、「海上自衛隊の艦艇大型化の第１歩」と警戒心をあらわにした。

ように多くの兵士を「敵前逃亡」や「抗命」で処刑した陰惨な歴史を、自衛隊はいまのところもっていません。

　しかし、自衛隊の中でも軍法会議の検討は進んでいます。たとえば、奥平穣治「防衛司法制度検討の現代的意義——日本の将来の方向性」（『防衛研究所紀要』第一三巻第二号所収、二〇一一年一月）は、軍法会議という刺激的な名称ではなく、防衛裁判所を「有事、周辺事態、国際平和協力の場合に限定（して設置）するのも一案であろう」と提案しています。

　二〇一五年五月に国会に上程された自衛隊法の改悪案には、「上官の職務上の命令に対し多数共同して反抗した者」、「正当な権限がなくて又は上官の職務上の命令に違反して自衛隊の部隊を指揮した者」などのいくつかの罪を、「日本国外においてこれらの罪を犯した者にも適用する」という条文がもり込まれています。海外派兵を拡大すれば、反抗する自衛官も増大すると考えているのでしょうか。

『軍旗はためく下に』の解説で、『人間の条件』『戦争と人間』等で知られる五味川純平さん（一九一六～一九九五年）は、「軍隊では、問題の対象が下級者であればあるほど、事実の究明等なんら重要ではない。事実は軍隊流の手続きや作文のなかで簡単に抹殺せられ、あるいは、作られた『事実』が書類上に根を生やして、もはや動かしがたいものとなってしまうのである」と旧軍を批判しています。

私たちは、残念ながら、同じことが自衛隊の中でも起きていることを、たちかぜ裁判を通じて思い知らされました。裁判の経過については第1部で詳細に紹介しました。ここでは、その背景について見ていきます。

自衛隊は冷戦終結後、次々と任務を拡大してきました。湾岸戦争後のペルシア湾への掃海艇派遣、国連平和維持活動（ＰＫＯ）、阪神淡路大震災、東日本大震災など自然災害の増加の中で災害出動も増えました。

二〇一五年四月に発表された新ガイドラインには、「自衛隊および米軍は、相互運用性、持続性及び即応性を強化するため、日本国内外双方において、実効的な二国間及び多国間の訓練・演習を実施する」とありますが、一九九七年ガイドライン制定以来、すでに多くの訓練が実施されてきました。日米共同訓練の拡大――大型揚陸艦を使用した輸送訓練（一九九九年〜）、多国間訓練――西太平洋潜水艦救難訓練（二〇〇〇年〜）、航空部隊の日米豪共同訓練コープノース・グアム、二〇一五年にはオーストラリアで米空軍の52爆撃機を先頭に空自の戦闘機などが編隊飛行訓練を実施。ブッシュ政権が立ちあげたＰＳＩ（拡散に対する安全保障構想）にも二〇〇四年から参加し、海上輸送阻止、艦船立入検査訓練を横須賀で実施。二〇一三年はハワイで行われた日米共同統合訓練ドーン・ブリッツに、ヘリ空母「ひゅうが」と大型揚陸艦「しもきた」、イージス艦「あたご」を派遣しました。

ホルムズ海峡での機雷掃海が論議を呼んでいますが、すでに二〇一二年と二〇一四年にペルシア湾内のバーレーン近海で開催された、「米国主催国際掃海訓練」に掃海母艦と掃海艦を派遣。東南アジアの多国間合同訓練コブラゴールドにも二〇〇五年から参加、最初は数人のオブザーバーを派遣するだけでしたが、いまや在外邦人救出訓練に一〇〇名の自衛官を派遣。二〇一四年秋からＮＡＴＯ諸国との共同訓練が、二〇一五年五月にはフィリピン海軍との訓練が実施されました。

インド洋に向かう途上で、自殺者を出した護衛艦「きりさめ」。乗員165名、全長151m、全幅17.4m、インド洋には3回、ソマリア沖には2回出動している。

二〇〇一年の暮れからはじまったテロ対策特措法によるインド洋での洋上給油活動は八年間にも及び、アメリカ、パキスタンなどの艦船に約五〇万キロリットルの軽油を給油、また、航空機燃料、水も供給しました。イラク―クウェート間での航空自衛隊の輸送活動も約五年、輸送回数八二一回、輸送人員四万六五〇〇名、輸送貨物六七三トンに及びました。二〇〇八年四月一七日、名古屋高裁は、「米軍の武力行使と一体化しており憲法九条一項に違反する」との判決を下しました。一方、ソマリア沖での海賊対処行動は六年目をむかえ、二〇一五年三月現在、第二一隊が出動、横須賀基地所属の「むらさめ」は三回目の派遣となりました。

こうした任務の増加は無理な組織運営を長期化させました。自衛官一人ひとりの抱える身体的ストレス、精神的ストレスは相当なものです。その結果、自殺者は増大してきました。もちろん、いじめや暴行を加えた隊員個人の問題もありますが、自衛隊という組織がもつストレスが背景にあります。

加藤耕司海自佐世保地方総監（当時）は二〇一〇年に出版された『女子アナ吏良の海上自衛隊メンタルヘルス奮闘記』の中で、「海上自衛隊は、艦や航空機など現有装備を維持し運用する仕事、冷戦後の安全保障環境の下で次々に重畳して付与される新たな任務、さらには組織が歴史を重ねるにつれ蓄積される煩瑣な監理業務など、これらの仕事の総量に比べて人の数が不足し、業務過多に陥っている」「その結果、特に水上艦部隊では、隊員の心と組織の運営に余裕がなくなり、社会人としての規範も、艦乗りとしての躾も、海上自衛官としてのモラールも、プロフェッショナルを作るための教育も、部隊を練成する訓練も、何もかもが行きとどかなくなった」と指摘しています。四万二〇〇〇名の海上自衛隊に、三二万人のアメリカ海軍と同じことができるわけがありません。中国海軍は二〇万人です。隊員が多ければローテーションも余裕をもって計画することができますが、人数が少なければ同じ隊員が何度も派遣されることになります。海上自衛隊は、隊員に無理をさせる状態が今も続いているのです。

自衛官の戦闘ストレスの発生

陸海空三自衛隊で格闘訓練も近年、実戦的なものになり、負傷者も相当な人数になっています。しかし、どんな訓練を強制しても、何度でも勇敢に戦闘に臨み、人を殺傷しても、あるいは自ら傷ついても、ストレスを感じない自衛官は作れません。過酷な訓練と教育で自衛官から人間性の一部を、ある一定の期間、削り落とすことはできるかも知れません。しかし、人間性を抹殺してしまうことはできません。

作家の石川達三（一九〇五～一九八五年）は『生きている兵隊』（一九三八年）の中で、日中戦争の戦場での兵士の心象を鋭く見抜きました。「それは、身を鴻毛の軽きに置くというほどはっきりした意識をもって自己にその観念を強制したものではなくて、敵を軽蔑しているあいだにいつの間にか、我とわが命をも軽蔑する気になっていくもののようであった。彼等は自分の私的生涯ということをどこかに置き忘れ、自分の命と身体の大切なことを考える力を失っていたとも言えよう。……むしろ戦闘がはげしければ激しいほど彼らの昏迷は深かった。そしてひとたび敵弾が彼らの肉体に穴をあけたとき、卒然として生きている自分を発見し死に直面している自分をさとるもののようであった」。

「鴻毛《こうもう》の軽き」は、かつてすべての兵士に暗誦することが強制された軍人勅諭（一八八二年―明治一五年制定）の一節、「死は鴻毛よりも軽しと覚悟せよ」を示しています。鴻毛はオオトリの羽毛のことでとても軽いことを表しています。しかし、軍人勅諭よりも、敵（兵であろうと民衆であろうと）に対する差別意識と戦場の興奮が我を忘れさせ、わが身が傷ついた時、我に返る、石川達三はそう言いたかったようです。自衛隊発足から六一年が経ちましたが、こうした戦場を体験した自衛官はいません。

戦場は訓練とは異なり、兵士の人間性に深刻なダメージをあたえます。戦地で傷つき、あるいは敵を殺傷し、帰国して緊張が緩んだ時、兵士たちはさまざまな病に倒れました。精神が傷ついた兵士も、日中戦争、太平洋戦争でも相当な人数いたはずです。全体的な統計が発表されていないので正確な人数はわかりませんが。

そして現代、深刻なストレスを抱えこんでいるのは自衛官ばかりではありません。

「消防職員や警察職員や軍人など、事故や災害のときに他者を救援する職業についている人々を、（職業的）災害救援者と呼ぶ。こうした職業になじみのない私たちは、災害救援者はいつも勇敢で、どんな困難にも打ち勝つ精神力をもっていると思い込んでいる。この思い込みのために、災害救援者が、活動中に強いストレスを受けているという事実には、気づかないことが多い」、筑波大学の人間総合科学研究科の松井豊さんの書いた『惨事ストレスへのケア』という本の最初の一節です。

消防も警察もストレスを抱えていますが、海外に派遣されるのが一番多いのは自衛官です。「自衛官は、私たちと同じようにストレスに弱い」というのが私たちの基本認識です。

イラクに派遣された自衛官からも多数の自殺者が出ました。その人数は今も増え続けています。

ＮＨＫの「クローズアップ現代」が二〇一四年四月一六日、たちかぜ裁判の控訴審判決のちょうど一週間前に、『イラク派遣一〇年の真実』という番組を放送しました。帰国後自殺した隊員の遺族にもインタビューしています。お母さんは「息子が『ジープの上で銃をかまえて、どこから何が飛んでくるかおっかなかった、怖かった、神経をつかった』って。夜は交代で警備していたようで、『交代しても寝れない状態だ』と言っていた」。帰国後、息子さんは自衛隊のカウンセリングを受けます。「『命を大事にしろというよりも逆に聞こえる。自死しろという感じの、しろしろっていわれているのと同じだ。そういう風に聞こえてきた』と言ってました」。この数日後、息子さんは死を選びました。

問題なのは彼が、カウンセリングを「自死しろって言われているのと同じだ」と受けとめていたことです。自衛隊には精神的な弱さを嫌う風土が根深くあります。カウンセラーがこの自衛官の「弱さ」を責めるようなことを言ったのだとしたら、自衛隊のカウンセリング体制に根本的な欠陥があることになります。

サマワ駐屯地周辺の緊張をしいられる状況の中で、PTSD（外傷後ストレス障害）を発症した隊員も相当数にのぼると推測されますが、データは公表されていませんでした。しかし、民主党の白眞勲議員がこの問題をとりあげました（二〇一五年四月二日参議院外交防衛委員会）。

「このNHKの映像によりますと、二〇代の警備担当の隊員の場合、こう話しているんですよね。比較的近いところに発射光が見えたので、敵がそばにいる気がして弾を込めようか悩んだが、今でもその光景が思い起こされて寝付けないとして、その隊員、生死に関わる経験の後、精神が不安定になる急性ストレス障害を発症していると診断されていたというふうに報道はされています。また、ここで、報道では内部資料が出てきまして、派遣されたおよそ四〇〇〇人を対象に行った心理調査の記録もあったとのことですけれども、ここで防衛省にお聞きいたします。

このような心理調査の記録はあるのか、そして、あった中で、睡眠障害や不安などの心の不調を訴えた隊員は一割以上、部隊の中には三割を超えたということもあるんですけれども、その辺についてどうでしょうか」。

中谷防衛大臣は、「テレビ画面で放映はされましたが、放映画面でしか確認できていないために同一の資料であるかどうかは不明でありますが、陸上自衛隊で保有している資料の一部に酷似したものが確認をされておりまして、この陸上自衛隊の資料は、イラク復興支援軍について本邦より派遣されたメンタルヘルス診療支援チーム、これは、医官及び心理幹部、これが派遣隊員の現状を把握した上で報告をするためにまとめた資料でございます。

また帰国した後におきましても、こういったメンタル的な部分でのチェックをしたり隊員に対するカウンセリングなどを実施をしておりまして、現時点においても海外に派遣する際はそういうケアを念頭に対処しているわけでございます」と答弁し、資料の提出を約束しました。隠されてきた資料は明らかにされるでしょうか。

二〇一三年一二月に出版された『防衛看護学』という本があります。執筆者は、全員看護師の資格を持つ一四名の女性自衛官、自衛隊中央病院高等看護学院副学院長、防衛医科大学校看護学科設立準備室などの肩書をもつ人々です。「刊行にあたって」には、「有事の際には、最前線から送り込まれる傷病者のための野外病院の中核を担うこととなるため、外傷患者に迅速かつ適切に対応する実践力も求められる」「わが国初の〝防衛看護学〟の教科書」とあります。

この本は最後の第五章でメンタルヘルスをとりあげ、「戦闘時のストレスモデルを参考に」して、二つのストレスモデル、ＨＩＳ（high intensive stress）とＬＩＳ（low intensive stress）を紹介しています。

「ＬＩＳは、単調な作業や変化のない待機状態が続き、任務に対するモチベーションや達成感が得られない結果生じるストレスである。規律・服務違反、不満・不信感、過剰適応、睡眠障害、任務終了後の抑うつ反応、部隊・家族との不調和等が予測される。接触の濃い人間関係の中で、集団自体が抱える問題を、集団内の個人に身代わりとして押しつけ、スケープゴートを生むこともある。スケープゴートとは『生贄、身代わり』と訳される。二〇〇三（平成一五）～二〇〇九（平成二一）年にかけて行われたイラク人道復興支援活動では、ＬＩＳが問題となった。もともと抱いていた個人の悩みの増幅、現地でのスケープゴート、上司への反発、疲弊、帰国後の仲違い、抑うつ反応等である」とあります。戦闘行為がなくてもこれだけの問題が生じていたのです。

防衛省・自衛隊はこうした「自衛官の弱さ」に真正面から向き合おうとしているようには見えません。『防衛白書』（二〇一四年版）が「自衛官の自殺対策」に割いているのはわずか四分の一ページに過ぎません。しかし、戦闘ストレスあるいは戦争神経症と呼ばれる症状は、長い期間、兵士を苦しめ続けるのです。

「ベトナム戦争から約二〇年を経過してもなお一五%の帰還兵がPTSD症状に苦しめられていた」。さらにさかのぼって「太平洋戦争中に『バターン半島死の行進』を強いられた連合軍捕虜生き残り兵に対する大規模調査では、戦後四〇年近く経っても実に九六%が睡眠障害を有しており、特に悪夢や夜驚が九三%にみられた」と松井さんは指摘しています。アメリカだけではありません。沖縄戦の体験者も、現在も多くのトラウマを抱えています。

インド洋とイラクへの派遣が終了して五年以上が経過した現在も、自殺者は増え続けているのです。政治家は自衛官を海外に派遣するための法律を作ることには努力しますが、派遣してしまえばあとは知らぬ存ぜぬという態度です。被害者は派遣された自衛官とその家族、遺族です。

P-3C 哨戒機、乗員 11 名、全長 35.6m、翼幅 30.4m。空対艦ミサイル、魚雷、対潜爆弾、水中発音弾等の搭載が可能。

戦後七〇年、戦争を知らない世代の政治家が、インド洋やイラク派兵の反省も総括もせずに、集団的自衛権の行使へ踏み込もうとしています。こうした動きは、自衛隊の組織的矛盾をさらに拡大せずにはおかないでしょう。自殺者の増大していく経過と、防衛庁・防衛省の「自殺事故防止対策」を振り返って見ましょう。

阪神淡路大震災——不審船事件とメンタルヘルス検討会の発足

一九九九年三月二二日、自衛隊法八二条に規定されている海上警備行動が戦後初めて発令され、能登半島沖で航行していた不審船に対してP—3C哨戒機による至近距離への爆雷投下、イージス艦「みょうこう」の主砲(一二七ミリ砲)による威嚇射撃がおこなわれました。不審船の後方、前方五〇メートルという近さに数発の実弾を打ちこみました。これは海上自衛隊にとって戦後初めての実戦でした。「みょうこう」の船内では、立入検査隊を不審船に乗り込ませる準備が進んでいました。検査隊は事前に選抜されていましたが、一度の訓練もやったことがありませんでした。隊員にも隊長となるべき幹部自衛官にも深刻な動揺が走りました。いきなり緊急出動を命じられ、航海中に海上警備行動の発令、そして、北朝鮮の兵士が武装して乗船しているのが確実な「不審船」に乗り込めと言われて緊張しない自衛官はいなかったでしょう。立入検査は、最終的には見送られました（予備役ブルーリボンの会ＨＰ　www.yobieki-br.jp）。

二ヶ月後の五月には周辺事態法が成立。自衛官人権裁判の最初の事例となった「さわぎり」事件は、この年の一一月三日、「さわぎり」が「海上自衛隊演習」（年に一度、大多数の艦艇が参加する大規模演習。最近は燃料費の高騰等で規模が縮小されている）に参加するために佐世保を出港し、航海中の八日に起きています。直接的には上官たちの、被害者の人格を否定するような言動が、二一歳の若者を自殺に追い込んで行きました。

防衛庁は二〇〇〇年七月、「自衛隊員のメンタルヘルスに関する検討会」を発足させました。人事教育局を中心に、民間から六人の委員を招き、「自衛隊員の自殺防止等について、専門的な観点から意見を聴取する」ことを目的とした検討会でした。

「災害派遣やＰＫＯに起因して発生するＰＴＳＤを予防するため、ブリーフィングのマニュアルを作成するとともにカウンセラーにその技能を付与する」「自殺防止に万全の努力をすることは当然であるが、それにも拘わらず自殺が生ずることがある。自殺事故の発生に伴い、当該の部隊や隊員等への影響に対する心理的なケアを提供するため、メンタルヘルスセンターから専門家を中心としたチームを部隊に派遣する。このチームは自殺事故の医学的、心理学的観点からの調査を実施し、波及的影響の防止に努めるとともに家族に対するケアを実施する」と提言していますが、これはとりも直さず、自衛官の中に相当数のＰＴＳＤ（心的外傷後ストレス障害）患者が出ていることを示しています。

一九九四年のルワンダ周辺国への派遣――ザイールでの難民救援活動では、深さ三〇メートルの縦穴から、難民を救出しようとした二等陸曹が、ＰＴＳＤになっています。暗い穴の中で後ろ手に縛られてころがされた難民、すでに死亡していた難民、そして、もう一人いるはずの難民を見つけられなかったという厳しい状況の中で発症。一〇年近く、フラッシュバックに悩まされています（神本光伸『ルワンダ難民救援隊――ザイール・ゴマの80日』）。

横浜市の防災訓練に参加した陸上自衛隊員。手前中腰姿勢は神奈川県警の救助隊。2012年、アメリカ海軍上瀬谷通信基地で。

一九九五年の阪神・淡路大震災は延べ一六四万人の自衛官が出動しましたが、自衛隊は何をやったのでしょうか。被災地では六四三四名の死者、四万三七九二名の負傷者が出ており、自衛隊は一六五人（陸自一五七、海自八）の生存者を救出し、一二三八遺体を収容しました。この「結果」には自衛隊内部からも厳しい批判が起きました。

結果的に、自衛隊は警察や消防に比べてかなり少ない人数しか救出できなかったからです。

「自衛隊が行う人命救助の実態は人力主体といってもよいものであった。すなわち、その程度のものであれば大半は近隣住民がすでに救助にあたっており、単純に救助能力不足で残っている、あるいは要救助者から反応がなく後回しにされたところに、後から来た自衛隊があたると言ったものが多いと思われる。第一〇師団の持参した道具の主力はシャベルであり、風水害には効果があったとしても倒壊家屋の捜索に効果はなかった」「遺体収容作業の方が多い自衛隊の士気・体力が著しく減少しやすい環境にあった」（『セキュリタリアン』一九九五年三月号）。

普段の訓練では予想もしていなかった遺体収容は、多くの自衛官に相当なダメージをあたえました。（東京消防庁が一九九八年から惨事ストレス対策を検討し始め、総務省消防庁は二〇〇一年に「消防職員の現場活動に係るストレス対策研究会」をたちあげました）。

また、一九九五年三月には地下鉄サリン事件が起き、陸上自衛隊の第三二普通科連隊（東京・市ヶ谷）と第一〇一化学防護隊（埼玉・大宮）がサリンの除染に出動しています。この出動を第三二普連では、「自衛隊史上初の治安出動」ととらえて準備をはじめていましたが、陸上幕僚監部の意向で「災害出動」となったようです（福山隆『地下鉄サリン事件戦記』）。除染に出動した自衛隊は数名の軽傷者はでたものの、ＰＴＳＤの発症はなかったようです。

さて、話を二〇〇〇年にもどします。「検討会」は、七月から一〇月までに五回行われ、「自衛隊員のメンタルヘルスに関する提言」を発表しました。「個々の隊員のみならず指揮官等にもメンタルヘルスの重要性に関する認識に大きな隔たりがある。自衛隊全体においてメンタルヘルス活動の必要性を認識する必要がある」「医療活動（第二次予防）に重点が置かれ、環境整備、啓発教育、ストレス対策（第一次予防）、社会復帰、リハビリテーションを含む対応（第三次予防）に立ち遅れがある」と指摘しました。

「いじめ・セクハラ相談体制の整備」も提言の最後に掲げられ、「指揮官が隊員の心情把握に努める一方、カウンセリング体制の強化、セクハラ相談員の適正な人選を行う。電話、インターネット等の活用や、女性のカウンセラーの配置により相談窓口の多様化を図る。また、いじめ・セクハラ問題が生じた場合は駐屯地等メンタルヘルス委員会の支援を受け、被害者のフォローアップを徹底する」としたものの、その通りには機能しませんでした。

「たちかぜ」事件は、この「提言」から約四年後に起きました。いじめを訴えたＴさんの申告は上官に無視されました。また、セクハラでは、二〇〇四年に航空自衛隊に入隊したある女性自衛官は、二〇〇六年に先輩の男性隊員から深夜に呼び出しを受け、強制わいせつの被害にあいました。

彼女の申告を受けた上官は、男性隊員の配置転換などの措置をとらず、婦人科の受診も本人のお母さんからの抗議を受けて事件から三週間も経ってから、ようやく認めるという酷さ、さらに彼女に退職を強要する始末でした。しかし、女性自衛官は弁護士と相談をして、警務隊に告訴状を提出、現職のまま二〇〇七年五月八日に札幌地裁に提訴しました。原告は意見陳述で「部隊にはカウンセラーが配置されていますが、『自分は幹部自衛官には意見できない』といわれました」と述べています。メンタルヘルス検討会の提言は、全国各地の自衛隊の部隊には容易に浸透しなかったのです。

二〇一〇年七月二九日の札幌地裁判決は空自のこうした対応を厳しく批判、「本件に関する自衛隊の原告に対する事情聴取は、もっぱら男性上司や男性警務官によって行われており、原告が性的暴行を冷静に思い出したり、記憶を言葉で説明することができなかった可能性が高い」と自衛隊の対応を批判した上で、セクハラ被害に対しては、①原告が心身の被害を回復できるよう配慮すべき義務（被害配慮義務）、②性的暴行によって原告の勤務環境が不快なものとなっている状態を改善すべき義務（環境調整義務）、③性的被害を訴える原告が職場の厄介者として疎んじられ不利益を受けることがないよう配慮する義務（不利益防止義務）、といった職場監督者の義務を果たしていないと、厳しく断罪したのです。

セクハラは中堅隊員のみならず、高級幹部の中からも加害者がでています。浜松市の航空自衛隊第一術科学校の校長だった空将補が部下の女性自衛官にセクハラをした事例（二〇〇八年）、岐阜県各務原市の航空開発実験集団の空将補が宴席や勤務時間外に部下の身体を触るなどした事例（二〇一三年）、防衛省監察調査官の二等空佐が千葉県流山市の駅で女性会社員のスカートの中を盗撮して逮捕された事件（二〇一四年）。この二等空佐はセクハラ防止の担当者でした。防衛省はセクハラ防止の対策を立ててはいますが、こうした事件は後を絶ちません。

二〇〇〇年に出された提言は、いまだに実現にいたっていないのが実情なのです。

海自・特別警備隊と陸自・西部方面普通科連隊の編成

不審船事件のあった一九九九年の一二月、特別警備隊の新編準備室が横須賀長浦の自衛艦隊司令部の中に設置されました。国会で海自のこうした動きを追及され、当時の瓦力防衛庁長官（一九三七～二〇一三年）は、「特別警備隊を新編した理由でございますが、不審船に対しまして立入検査を行う場合、当該不審船の武装解除、無力化を実施する必要があり得ますが、かかる活動はこれまで想定された海上自衛隊の戦闘とは異なりまして、一般の艦船、艦艇乗員はこれを適切に行う技能を有しておりません。かかる乗員に不審船の武装解除、無力化を行わせるということは、相当の人的被害をこうむる可能性があるわけでございまして、要員の安全を図りつつ立入検査等を行うためには、不審船の武装解除、無力化を本務とする特別警備隊を新編する必要がある」と答弁しています。

アジア太平洋戦争の末期に海軍兵科予備学生、震洋特別攻撃隊（爆薬二五〇キロを積んだ特攻モーターボート）の艇長だった経歴を持つ田英夫議員（一九二三～二〇〇九年）が政府を鋭く追及します。

「特別警備隊を海上自衛隊は持ったから、海上の主役は海上自衛隊になったと思われては困る。このことは非常に重要な問題であって、国際的に誤解を与えてはいけないと思いますので、私はさっき特別警備隊を置くことを我々にも報告しない、国会で審議もしない、特別警備隊を置いても主役はあくまでも海上保安庁だ、警察です と、こういうことを確認すべきだったと私は言いたいんです」。

特別警備隊は自衛隊法二三条の「本章に定めるもののほか、自衛隊の部隊の組織、編成及び警備区域に関し必要な事項は、政令で定める」によって政府主導で進められ、国会の議決を経ることはありませんでした。

二〇〇〇年一二月に成立した船舶検査法にもとづいて護衛艦ごとに立入検査隊が、二〇〇一年には特別警備隊が編成されました。特別警備隊は約一〇〇人、隊本部（総務班・運用班・作戦資材班・医務班）と四つの小隊（各一九人）で構成され、隊長には一等海佐が充てられています。

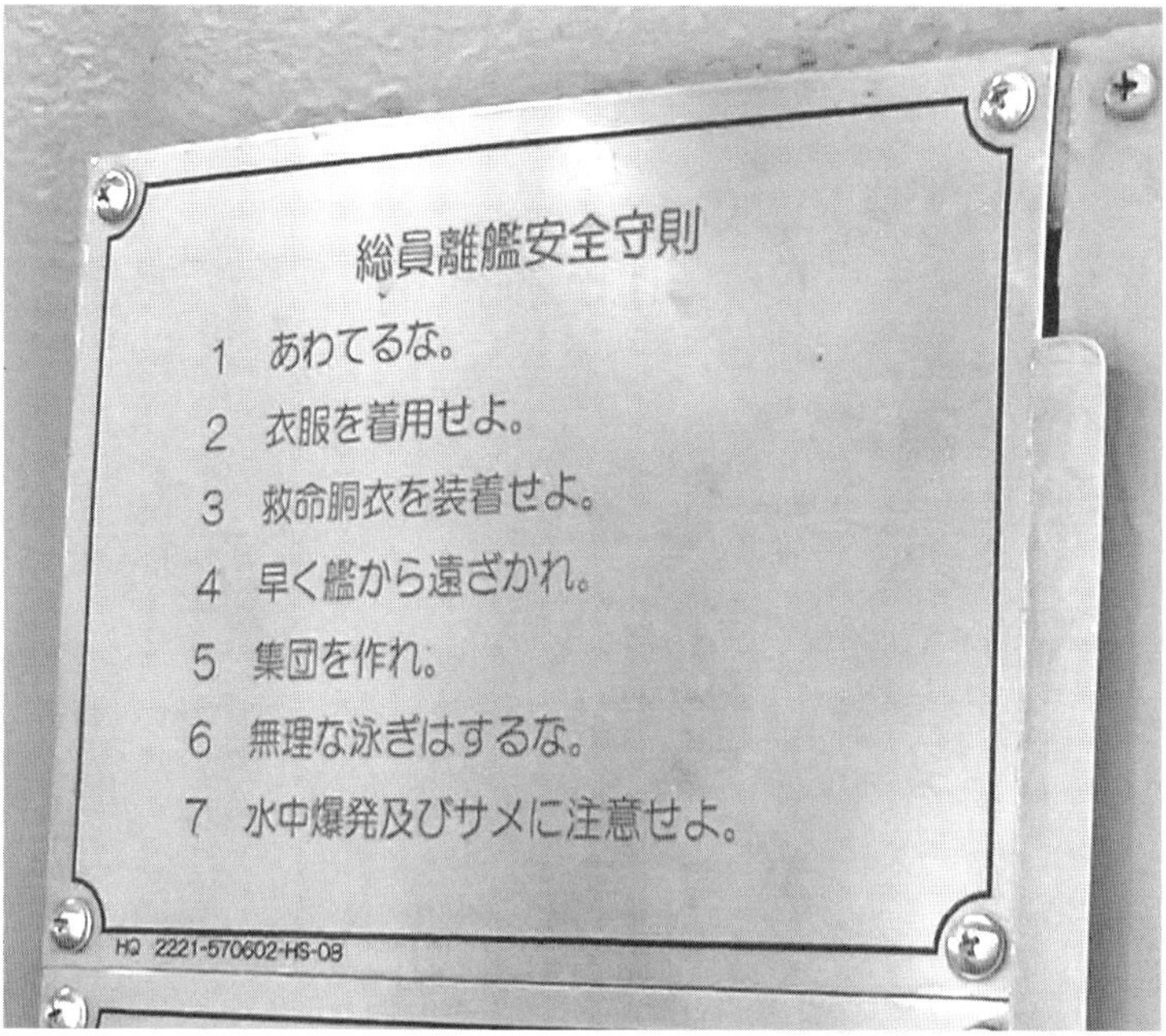

護衛艦の通路に掲示されている「総員離艦安全守則」。太平洋戦争中多くの艦艇が撃沈され「総員退鑑命令」が繰り返された。

不審船事件後の、海上自衛隊の強化策を整理すると、①艦艇の能力の強化――二〇〇三年度末までに高速ミサイル艇を舞鶴と佐世保に各三隻ずつ配備（結果として舞鶴、佐世保、大湊に二隻ずつ配備）、②航空機の能力の強化――哨戒ヘリコプターへの七・六二ミリ機銃の搭載――二〇〇二年度までに七機完了、③立入検査用装備の強化――護衛艦に立入検査用機材を整備、④新たな補足手法の研究等、①特別警備隊の新編②充足率の向上――立入検査活動を円滑に行うための艦艇乗組員の充足率の向上――二〇〇〇年度（平成一二）に二三一人の増員、二〇〇一年度（平成一三）に二一五人の増員。

最後の「充足率の向上」に注目して下さい。これだけの自衛官を増員しなければ、艦艇の定員を満たすことができなかったのです。

「重要影響事態等に際して船舶検査活動に関する法律」案は、第二条から「我が国領海又は我が国周辺の公海（海洋法に関する国際連合条約に規定する排他的経済水域を含む）において」という地理的限定をなくし、世界中どこでも船舶検査を出来るように、また、第三条（船舶検査活動の実施）は、「後方地域支援」が「後方支援活動」に、「アメリカ合衆国の軍隊の部隊」は「諸外国の軍隊等」に変更され、オーストラリアやＮＡＴＯをはじめどこの国の軍隊にも「物品の提供」「役務の提供」ができる体制を目指しています。しかし、政府が自衛隊出動のフリーハンドを得ようとすればするほど、命懸けの任務を強制される自衛官は、「国民の支持」を感じられなくなり、強い確信をもてなくなる、ということが安倍首相にはわかっていないようです。

二〇〇二年三月には、陸上自衛隊に西部方面普通科連隊（佐世保市・相浦駐屯地、以下、「西普連」と略す）が新たに編成されました。連隊本部と三つの小隊（各二〇〇人）、計六六〇人から編成され、こちらも連隊長には一等陸佐が充てられています。西普連は発足早々、三人の自殺者を出します。相次ぐ自殺に社民党と共産党の国会議員が相次いで相浦駐屯地に調査に入りました。西普連は離島防衛を主要任務とし、その教育訓練には、「水陸両用基本訓練課程」「洋上潜入課程」「艇長課程」「潜水過程」などがあり、アメリカ海兵隊の訓練に部隊として参加しています。

相次ぐ隊員の自殺は国会でも問題になりました。防衛庁の宇田川新一人事教育局長（一九四七年〜）は「Ａ一等陸曹は、自殺されたのが五月二三日でございまして、自宅近傍でございます。……Ｂ三等陸曹は五月二六日に実家において自殺されています。……Ｃ三等陸曹は七月八日、これは勤務地の相浦の駐屯地において自殺されているという状況でございます」と国会で答弁しました。年齢はそれぞれ四八歳、二三歳、三二歳です。中谷防衛庁長官は、「過酷な訓練とかいじめとかしごきといった事柄が原因になったということは報告されておらず、いわゆる個人的な事情によるものだと判断をいたしております」と答弁していますが、どう考えても納得できません。二〇代の若い隊員ならともかく、陸曹は旧軍の下士官（曹長、軍曹、伍長）に相当する階級であり、「過酷な訓練」を立案し若い隊員を「しごく」方の側だからです。

中谷正寛陸上幕僚長（当時、一九四二年〜）も、「自殺原因は個人的なもの」とし、金銭的トラブルや家族関係で悩んでいたと説明し、「（同時期の自殺者発生については）よく分析する」と述べていますが、「個人の問題」と片付けられたのではたまったものではありません。私は過酷な訓練と、命懸けの任務に若い隊員を率いて参加する責任の重さからくるストレスではなかったのかと推測しています。

この年の二月、「陸上自衛隊のとるべき戦争神経症対策」という論文が『陸戦研究』（五〇巻、五八一号、池川和哉）に早くも発表されています。

有事三法案の実質審議の最終日となった七月二四日の衆議院特別委員会、社民党の今川正美議員（当時）が、この問題をとりあげました。「四人ほどから成る（防衛庁の）アフターケアチームが、先月の一一日から一四日にかけて、それから、いわば第二次調査として今月の一五日から一七日にかけて実情調査に着ておられるようでありますが、その中身で『アフターケア実施日程と実施内容』というのを拝見させていただきましたが、……『関係隊員情報制御』というのが、全然意味がよくわからないのですが」と質しました。

宇田川人事教育局長は「自殺事故が起こりますと、自殺要因に関する根拠のない流言飛語が飛び交うと、関係する隊員や家族の混乱を招いたり、個人のプライバシーを侵害することになります。また、自殺事故に関しまして一面的な情報が伝達されますと、関係する隊員に共感、同情といった感情が生じて、連続的な自殺が発生しやすいというふうな傾向が見られます。連鎖自殺というふうに呼んでおりますが。このような場合に、不明確な情報から生じる他の隊員や家族への影響を局限するため、自殺事故に関する適切かつ必要な情報を、関係する隊員や家族に提供することを情報制御というふうに呼んでいるところであります」と答弁しています。

「情報制御」とは真実を世間に知らせない措置ではないでしょうか。自衛官人権裁判では自衛隊の情報隠しをどう打ち破るかが、重要な課題であり続けています。

さて、西普連ではどのような訓練をしているのでしょうか。

二〇〇三年～二〇〇六年までの三年間、西普連に籍を置いたジャーナリストの江口晋太郎さんは、「上陸に必要な水路潜入に備えて、二～三時間もの遠泳訓練も行なう。任務完遂のために身近な食料確保を行なう意味でも、川で魚を釣り、時にヘビやニワトリ、蛙といった動物を捌く生存自活訓練も行なう。降下訓練だけでなく、木々の間を這って移動したり、崖を昇り降りするためのロープを使った訓練も日常的に行なわれる。当然、ゲリラ戦を想定した戦闘訓練も行なわれる。市街地戦を軸に、チームによる近接戦闘術や、隊員個人としての近接格闘術、そのために必要な徒手格闘や銃剣格闘、ナイフ格闘なども必須訓練だ」（DIAMOND ONLINE/diamond.jp）と、訓練の過酷さと幅広さを強調しています。

「西普連の隊員、ひいては自衛隊員の多くが抱える、『出動しないほうがいい、でも自身の存在意義を少しでも示したい』という、矛盾を抱えている状態が、日本と隣国にとって一番良いことなのだ」。

そう思う自衛官は多いと思います。中国の人民解放軍と自衛隊とどっちが強いかといった本もいろいろ出版されています。しかし、勝っても、軍事力でその状態を維持するためには、莫大な労力が必要です。一度、軍事衝突をしてしまえば、無人の尖閣諸島に自衛隊を駐留させ続けることを余儀なくされるでしょう。

安倍内閣は西部方面普通科連隊を中核に、三〇〇〇人規模の水陸機動団を編成しようとしています。海上自衛隊は大型揚陸艦「おおすみ」「しもきた」「くにさき」にＡＡＶ７を搭載するための改造を行っています。軍事力による対抗を重視する安倍内閣の対応は、根本的に間違っています。

二〇〇八年九月九日、海上自衛隊・特別警備隊の訓練教程が置かれている広島県江田島の第一術科学校で、

アメリカ海兵隊の水陸両用装甲兵員輸送車AAV7（NAVY.milより）。乗員3名、兵員25名収容。

一五対一の「訓練」と称した暴行事件が発生、二五歳のA学生（三等海曹）が急性硬膜下血腫で亡くなりました。防衛省のホームページに公開されている「一般事故調査報告書」には納得できないところがいくつもあります。

まずは、「本件事故のような連続組手は訓練資料『徒手格闘』に記載がなく、また、課程指導項目の教務運営指針にある『試合形式の訓練』とはいえないものであり、課程指導項目の目標である『基本的な格闘技能を習得させる』ことを超えた応用的なものであって教務として行う必要のないものである」としています。必要のない訓練が実施されていたのです。

事故に至る経過を見ていくと、特警隊の基本課程学生を辞任することを表明し、幹部からも了解されていたA学生に、学生のL士長が「提案」し、「了解」を得て実施されたとあります。しかし、平たく言えば先輩が後輩に強制したものではないのでしょうか。主任教官付K二曹（三九歳）は、一五対一の連続組手を承認、通常の組手訓練に立ち会っていた主任教官B三佐が立ち去った後、一五対一の連続組手を実施して事故を引き起こしました。危険な訓練なのに医務班は立ち会っていませんでした。

「医務班は危険性の高い連続組手が行われていることを知らされていなかった。格闘訓練を日常的に実施する陸上自衛隊においても衛生員の配置は義務付けられていない。以上のことから、医官及び衛生員が現場待機する必要は必ずしもなかったと考えられる。他方、危険性の高い教育訓練を実施する際には、医務班を現場待機させる必要があると考えられる」。

責任回避のために書かれたとしか思えない文章です。事故は一六時五八分に起きています。医官S三佐は、帰宅途中のところを携帯電話で呼びもどされています。手術能力のある二件目の病院――呉共済病院で診察を受けたのは一九時二五分でした。医官が訓練に立ち会っていれば、医官が途中で休息を命じていれば、こんな事故は起きなかったはずです。

「海幕（海上幕僚監部）及び自衛艦隊司令部は、必要な場合、教育訓練の検閲を実施することができるとされており、部隊及び課程の新設時において、教育訓練状況を的確に把握し、指導監督する必要があったが、部隊新編以来、一度も実施していない」と報告書は上層部の責任を指摘しています。

特別警備隊の設置から七年も経過したのに、特別警備隊を指揮する自衛艦隊司令部（横須賀）は訓練内容の確認すらしていなかったのです。つまりは、やる気がなかったということです。形式でしかない訓練だったとしたら、死んだ二五歳の命は何だったのでしょうか。

特別警備隊第三小隊長等四名を業務上過失致死の容疑で、広島地方検察庁に書類送致したのが、翌年の六月一〇日であると記されています。なんと九ヶ月後。一般の刑事事件ではこんなことはありえません。九ヶ月もの間、どんな調査をしたというのでしょうか。

二ヶ月後の八月三一日、主任教官付K二等海曹が一年後に呉簡易裁判所で罰金五〇万円の判決を受けましたが、業務上過失致死容疑で書類送検された最後の「対戦相手」だった三等海曹、担当教官の三等海尉、特別警備隊第

イージス艦「きりしま」のインド洋出動を見送るアメリカ海軍。「ご武運をお祈りします」の横幕が掲げられていた。2002 年 12 月、横須賀基地で。

三小隊長だった三等海佐は、不起訴処分となっています。何ともやり切れない事件でした。

「防衛庁自殺事故防止対策本部」の発足

二〇〇一年の九月一一日事件を受けて、当時の小泉内閣はテロ対策特措法を成立させ、海上自衛隊の補給艦と護衛艦をインド洋に派遣しました。対テロ作戦に参加した各国の海軍部隊への洋上給油作戦がスタートしました。半年単位のローテーションで三隻～四隻の艦船をインド洋に派遣、二〇一〇年の初頭まで続けました。これは四万二〇〇〇名の海上自衛隊にとっても、一人一人の自衛官にとっても相当に過酷な任務でした。二〇〇三年からは陸上自衛隊、航空自衛隊のイラクへの派遣が加わりました。横須賀からも掃海母艦の「うらが」や補給艦「ときわ」、そして、イージス艦の「きりしま」などがインド洋に派遣されました。

しかし、「たちかぜ」は派遣艦船に選ばれることはありませんでした。二〇〇三年の自衛隊観艦式に

巡視船「あきつしま」。2013 年に就役した新鋭船。乗員 110 名、航空要員 30 名。ヘリコプター２機、40mm 機銃を搭載。横浜港の第三管区海上保安本部で。

は参加していますが、横須賀長浦の自衛艦隊司令部前に停泊していることが多かったと記憶しています。

二〇〇一年一二月には九州の南西海域で、在日米軍からの不審船情報が防衛庁、海上保安庁へと伝えられ、巡視船が出動し漁業法違反で停戦を命令し立入り検査を試みましたが、不審船は逃亡、これを追跡し強行接舷しようすると、小火器、対戦車ロケット弾などで反撃され、激しい銃撃戦になり、海保は船体射撃を実施、不審船は爆発を起こして沈没、乗組員八名の死亡が確認されています。海保も銃弾で三名が軽傷を負いました。海保もこの事件をきっかけに「惨事ストレス」対策を強化していきます。

有事法制の整備、特別部隊の編成、インド洋での長期給油活動など一連の動きの中で、自衛官の自殺は増加の一途をたどります。

二〇〇二年五月八日、インド洋派兵で最初の犠牲者が出ました。護衛艦「さわかぜ」の乗組員で五一歳の海曹長が心筋梗塞で死亡。横須賀基地でも、護衛艦「うみぎり」の二二歳の海士長が、千葉県の犬吠埼沖を航行中に、士官寝室に火を付けるという事件が発生。防衛庁は「本事故の主因はD士長の遵法精神及び倫理観の欠如である。また、副因として先輩海士の指導を逸脱した行為及び分隊長等の身上把握・指導監督不十分があげられ、これらがD士長の心理的ストレスを蓄積させ、とっさに火をつけるという行為を誘発したものと推定される」と発表しました。「先輩海士の指導を逸脱した行為」とは、暴行またはいじめがあったということでしょう。二〇〇二年、自衛官の自殺は過去最高の八五名に達してしまいました。

国会でも問題になりました。共産党の吉岡吉典議員（故人。一九二八〜二〇〇九年）が、当時の石破茂防衛庁長官（一九五七年〜）に、「自衛官が事に臨んでではなくて自殺によって自己の生命を絶つという事件が数多く発生している。この一〇年間で六〇一名の自殺者が出ている。そのほかに未遂事件もかなりあるということです。自殺の原因いかんにかかわらず、これだけの自殺者が出ている問題は真剣に防衛庁長官として考えなければならない問題」「一九九七年に入隊した一人の青年が一九九九年の一一月八日、二一歳の若さで自殺した事件（さわぎり事件）のお母さんに長時間にわたって訴えを聞きました。私は、長官にも聞く機会を持っていただくことが問題解決のために重要だと訴えました。

石破長官は、「正直申し上げまして、この自殺が減りません。平成一五年度の速報ベース、六月六日現在で陸海空合わせて一九名ということになっております。このまま行きますと三桁に行くというようなことも、考えたくないことでございますが、算術計算すればそういうことになりますわけで、大変な事態だという認識を強く持っております。一つお触れになりました御遺族の方々に対する処遇というものは、これは自殺であれ殉職であれ、本当に私どもがお預かりをしておる自衛官でございますから、そういう御遺族の方々に御納得、御納得なんてできるはずないのですけれども、御理解をいただく努力というのは今後もしていかねばならないということは、私は常に申し上げておるところでございます」（二〇〇三年六月一〇日参議院外交防衛委員会）。

この答弁から一ヶ月後、防衛大臣政務官を本部長に、人事教育局長を事務局長とする「防衛庁自殺事故防止対策本部」が発足しました。しかし、自殺の増加には歯止めがかかりませんでした。Tさんが自殺に追い込まれた二〇〇四年、自衛官・防衛省事務官の自殺者は年間一〇〇人という空前の人数に達しました。

対策本部は六月から七月にかけて「メンタルヘルス強化月間」として、▽面接等による所属隊員の身上（心情）把握の徹底▽隊員指導時におけるカウンセラー、医官等との連携の強化▽部内カウンセラー等の指定の確認▽部内及び部外のカウンセラー制度、部外電話相談窓口の部内広報の徹底▽部内及び部外のメンタルヘルス等に関する相談先を記載したカードを必要に応じ更新及び所属隊員の当該カードの携帯の確認、などの取組みを行いました。

一方、二〇〇三年三月、防衛庁長官の直轄部隊として情報保全隊が発足。「秘密保全、隊員保全、組織・行動等の保全及び施設・装備品等の保全」を任務としながら、イラク派兵に反対する市民の活動を調査していることが判明、二〇〇七年一〇月、仙台の市民らが仙台地裁に活動停止と損害賠償を求める訴訟を提訴、現在も仙台高裁で控訴審が継続中です。

二〇〇四年は一〇月の新潟県中越地震、福島と福井の集中豪雨などで延べ一六万人の隊員が出動、また、二〇〇二年からはじまったインド洋での給油活動も継続中で、幹部はこうした仕事に追われ、また、海曹・海士も余裕を失っていきました。

海上自衛隊の幹部養成は、「艦艇の多くの業務に精通させる」ことを基本にしています。そのため、幹部は艦艇のさまざまな部署を経験しなければならず、転勤を繰り返していきます。たちかぜ裁判で国側証人として証言に立ったI砲雷長は、「平成九年三月二四日から『はるさめ』に約一年六ヶ月、平成一一年八月一日から『みょうこう』に二年、平成一五年八月一日から『ちょうかい』に約一年勤務し、『たちかぜ』には平成一六年八月一〇日に乗組みを命ぜられ」と記しています。ちなみに、「はるさめ」は汎用護衛艦、「みょうこう」と「ちょうかい」はイージス艦です。

めまぐるしく転勤が続く中では、個別の艦艇での教育指導と人事管理はおろそかになりがちでした。たちかぜの場合、幹部たち（三等海尉以上の階級の自衛官）が、艦内で暴行が起きているのに見て見ぬふりをしていました。

二〇〇四年、二〇〇五年、二〇〇六年と自衛官の自殺者は連続して一〇〇名を超えるという深刻な事態となりました。二〇〇四年三月、自衛隊岐阜病院、同三沢病院、同中央病院などの医師が「管理者にも使えるメンタルヘルスハンドブック」を発行しています。「うつ病を疑った時、上司のみなさんにお願いしたいこと」として、「速やかにご家族に連絡を取り、ご本人に会っていただいた上で、最初の精神科受診には、できるだけ配偶者やご両親、兄弟姉妹等の御家族にも同伴してもらって下さい」と書かれています。精神科の医官たちは、まずは上司にしっかりした知識をもってもらうことが第一と考えていたようです。

インド洋・イラク派兵――自衛官の死者二二四名の衝撃

二〇〇三年からのイラク派兵では、陸上自衛隊は「ストレス対策チーム」を送りました。陸自のストレスコントローラーの下園壮太さんは『平常心を鍛える』の中で、猛スピードで車両移動している時に、車両が横転し、見張り役の自衛官が骨折、上官である小隊長がＰＴＳＤになった事例を紹介しています。サマワの駐屯地には、一三回も迫撃弾が撃ち込まれました。

二〇〇七年一一月には照屋寛徳議員が質問主意書を提出して、イラク派遣隊員の事故・自殺について防衛省に資料の公開を求めました。

「テロ対策特措法又はイラク特措法に基づく派遣と隊員の死亡との関係については、一概には申し上げられないが、平成一九年一〇月末現在で、テロ対策特措法又はイラク特措法に基づき派遣された隊員のうち在職中に死亡した隊員は、陸上自衛隊が一四人、海上自衛隊が二〇人、航空自衛隊が一人であり、そのうち、死因が自殺の者は陸上自衛隊が七人、海上自衛隊が八人、航空自衛隊が一人、病死の者は陸上自衛隊が一人、海上自衛隊が六

インド洋・イラク派兵に関わる自衛隊の死者数

	法律名	自殺	病死	事故死	不明	小計
海自	テロ対策特措法	25	23	6	2	56
	イラク特措法	0	1	2	0	3
	補給支援特措法	2	1	3	0	6
	海自　小計	27	25	11	2	65
陸自	イラク特措法	21	15	9	0	45
空自	イラク特措法	8	5	1	0	14
	合計	56	45	21	2	124

2015年6月　防衛省発表資料

人、航空自衛隊が零人、死因が事故又は不明の者は陸上自衛隊が六人、海上自衛隊が六人、航空自衛隊が零人である。

また、防衛省として、お尋ねの『退職した後に、精神疾患になった者や、自殺した隊員の数』については、把握していない。

海外に派遣された隊員を含め、退職後であっても在職中の公務が原因で死亡した場合には、国家公務員災害補償法（昭和二六年法律第一九一号）の規定が準用され、一般職の国家公務員と同様の補償が行われる」との答弁書が返って来ました。

イラクに派遣された隊員の自殺者はその後も増えて、陸上自衛官は七人から二一人に増加、航空自衛官は一人から八人へと増加しました。共産党の赤嶺正賢議員の質問、さらに阿部知子議員の質問主意書に対する政府答弁書で明らかになりました。インド洋派遣での海自の自殺者二七人を足せば五六人、病死は四五人に達し、事故死も二一人、不明二人となり、インド洋、イラク派兵での自衛官の死者は実に一二四名を数えます。ＰＴＳＤになって治療中の隊員、負傷した隊員も、かなりの数になっていると思いますが、そうしたデータは公開されません。「隊員が得た経験」は「最大限活かす」と言っていますが、マイナスの材料については明らかにされません。これでは自衛隊の受けた犠牲の真実の姿は防衛官僚のみが知るということになります。

「自殺は自然淘汰」発言と『防犯資料——私的制裁の未然防止のために』の発行

対策本部の二〇〇四年一月二二日の第四回会合では外部の委員から「自殺の原因を究明することも大事ですが、精強な自衛隊を作るためには、質の確保が重要であり、自殺は自然淘汰として対処する発想も必要と思われます」という意見が飛び出しました。

この発言を放置してはならないと考えた国会議員がいました。衆議院の鈴木宗男議員は、この発言をどの委員がしたのか公開するよう質問主意書を提出しましたが、政府は明らかにしませんでした。さらに、「自衛隊員の自殺を自然淘汰として対処すべきであるという委員の発言に対する防衛省の見解如何。自殺を選ぶ自衛隊員は精強な自衛隊を作る上で障害となり、淘汰されるべき存在であると防衛省は認識しているか」という質問に、「お尋ねの発言は、委員個人の意見であり、会議における率直な意見の交換が損なわれるおそれがあり、会議における個々の発言について防衛省として意見を述べることは差し控えたい」と回答（二〇〇八年二月六日政府答弁書）。防衛省は、「自殺は自然淘汰」などという発想をきっぱり否定すべきところ、曖昧な態度に終始しました。

一方、「いじめ」を深刻な問題と認識している組織が自衛隊の中にありました。海上自衛隊の警務隊です。Tさんが自殺した二〇〇四年一〇月、時を同じくして『防犯資料——私的制裁の未然防止について』というパンフレットを作成し、「服務指導上の参考資料」として配布しました。これは東京地方警務隊の二等海尉が作成したものですが、「私的制裁は、部隊の融和団結を破壊し、暴力を振るう風潮を助長し、自衛隊の健全な発展を阻害するものであり、結果的には国民マスコミ世論の非難を受け、国民の支持を失うことになる」と私的制裁の問題点を、それなりに正しく認識していました。

「本資料に書いてあることは、当然のことながら、すべてを網羅したものではない。一つの事例にすぎず、実際の事件・違反態様は、その特殊性・個別性・具体性もあることから、その活用の仕方については、個々の状況に応じたものにする必要があるものと考えられる」と指摘しています。制裁が相手の身体に傷害をあたえた場合、当然のこととして損害賠償の問題が発生します。『私的制裁の未然防止』も、「私的制裁により、懲戒処分（行政罰）、刑事罰及び損害賠償の三重苦に陥らないよう自重自戒しなければならない」と指摘し、示談書のサンプルまで提示しています。つまり、隊員相互の暴行事件が損害賠償問題にまでなっていることを示しています。

二〇〇五年三月には防衛庁人事教育局が『あなたの大切な人を失わないために――あの時、こうすればよかった』というパンフレットを発行、二〇代から五〇代、士長から三佐まで自殺した隊員の八つの事例をとりあげて解説しています。「自殺事故が起こった後で振り返ってみた場合、「そう言えば直前に普段と違う言動があった」「最近、行動がおかしかった」など、自殺した隊員が自殺の直前に何らかのサインを出していたのではないかと思われるケースも多いようです」「自殺直前の微弱なサインを同僚、上司、家族が気づくことができれば、有為な隊員を失わずに済むだけではなく、その人のまわりにいる多くの人々が悲しまずにすみます」と隊員の注意を喚起しています。

しかし、いくら人事教育局が指示しても、現場の指揮官たちがその気になって対策を推進しなければ、自殺が減るわけがありません。それは横行する私的制裁などの暴行、部下を罵倒するような教育指導のあり方など、自衛隊に染み付いた体質が変わらなければ成果は望むべくもありませんでした。

二〇〇五年にはクウェートに派遣されて帰国した航空自衛隊浜松基地の隊員が、上官から「反省文を百枚書け」とかの常軌を逸するいじめを受けて自殺します。この事件はクウェートに派遣されても帰国後は部隊の中で評価されるわけではなく、むしろ、クウェートに行っている間、残された隊員が業務過多に陥り、帰国した隊員にストレスをぶつけたという見方もできる事件でした。子供が生まれたばかりのKさんは自殺、ご両親が航空自衛隊を相手取って裁判を起こしました。いじめをすぐ近くで見ていた同僚の元女性自衛官が証言にたってくれたことが大きな力となり、二〇一〇年に浜松地裁で勝訴判決を勝ち取ることが出来ました。

「新格闘」の導入と負傷者の拡大

一方、二〇〇六年から自衛隊全体で格闘術の見直しが進みます。北朝鮮の動向、尖閣諸島をめぐる日中の対立激化という情勢の中で、近接戦闘の可能性が高まったと自衛隊は判断していました。陸上幕僚監部と自衛隊体育学校が中心となり、三重県津市にある陸上自衛隊久居駐屯地（第三三普通科連隊）を拠点として、「新格闘」と呼ばれる実戦的な格闘技の考案・研究が始まりました。一一月一五日には新たな格闘術の一級検定が行われました。

その六日後、北海道の真駒内駐屯地で徒手格闘訓練中に、受け身も未修得の「格闘技初心者」のAさんが陸士長に投げ飛ばされ、背中から落下して後頭部を強打。急性硬膜下血腫、外傷性くも膜下出血などで死亡する事故が起きました。Aさんは二〇歳、高卒で入隊してわずか一年七ヶ月での「事故」でした。遺族が二〇一〇年八月三日に提訴。裁判は二年半かかりました。札幌地裁は二〇一三年、原告勝訴の判決を下しました。

「徒手格闘は、当身技、投げ技、関節技及び絞め技を総合的に駆使し、旺盛な闘志をもって敵たる相手を殺傷する又は捕獲するための戦闘手段であり、その訓練には本来的に生命身体に対する一定の危険が内在しているから、訓練の指導に当たる者は、訓練に内在する危険から訓練者を保護するため、常に安全面に配慮し、事故の発生を未然に防止すべき一般的な注意義務を負うというべきである」と、まず、防衛省・陸上自衛隊の責任を明確に指摘しました。

続いて、「本件訓練当時におけるAの受け身の習熟度は低く投げ技に適切に対応できる技能を有していなかったといわざるを得ないのであり、また、E（三等陸曹）はこのことを認識していたということができる」「Aの投げ技から胴突きを行う際にFの投げ返しを認めたEには、指導教官として負う前記の注意義務に違反する過失があったものというべきであり、その過失により本件事故を発生させ、Aを死亡するにいたらしめたものということができる」と、真駒内駐屯地の指導体制とE（三等陸曹）の責任を明確に認めました。

さらに、「被告は、受け身の訓練が不十分であったのは、畳敷きの場所を確保できなかったからであるとか、Eが投げ返しを許可したのは、訓練として効果があるとおもったからであるなどと主張して、Eの注意義務違反を否定するが、被告が主張するような事情は、上記のような危険性の高い訓練を行うことを正当化する事情となり得ないことは明らかであるから、被告の主張は採用することができない。よって、その余の点について検討するまでもなく、被告は、原告らに対し、国家賠償法一条一項に基づき、本件事故によって生じた損害を賠償すべき責任がある」と、陸自の言い訳を認めず、その責任を厳しく指摘しました。

命の雫裁判弁護団は、「Aさんの遺体に生じた多数の不自然な損傷については、通常の訓練ないし医療行為によって生じた可能性があるとし、訓練の目的を逸脱した有形力が故意に行使されたか否かについては否定した。裁判所が、訓練に関与した自衛官らの故意責任を排斥したことは遺憾であるが、本判決は、自衛隊の徒手格闘訓練の危険性について初めて判断した初めての判決である」と評価しました。

全自衛隊徒手格闘選手権大会（二〇一二年から拳法選手権大会に名称変更）を頂点に、方面隊ごとの選手権大会などが企画され、徒手格闘訓練に対する力の入れ方は変わっていません。

照屋寛徳衆議院議員は判決から一ヶ月あまりあとの四月一七日、質問主意書を提出します。この質問書は、国を被告として遺族が提起した訴訟がどれくらいあるのか、徒手格闘訓練で死亡又は負傷した自衛官がどれくらいいるのか、明らかにすることを迫るものでした。徒手格闘に関する回答を紹介しておきます。

「陸上自衛隊、海上自衛隊及び航空自衛隊における徒手による格闘の訓練において自衛官が死亡した事案については、現時点において把握している範囲では、陸上自衛隊で一件、海上自衛隊で一件、航空自衛隊で零件である」、つまり、「命の雫」裁判となった真駒内駐屯地での事故と、広島・江田島の特別警備隊の事故、この二件だけということです。

次に負傷者の数ですが、「徒手による格闘の訓練において自衛官が負傷した事案の件数は、把握している範囲でお示しすると、海上自衛隊においては平成二〇年四月から平成二五年三月までの間に零件、航空自衛隊においては平成二一年四月から平成二五年三月までの間に九一件、陸上自衛隊においては、平成一〇年四月から平成二五年二月までの間に、徒手によるもの以外の格闘の際のものも含めて六五一件であるが、これらの詳細については、公にすることにより特定の個人が識別され、又は特定の個人を識別することはできないが、公にすることにより、なお個人の権利利益を害するおそれがあることから、お答えすることを差し控えたい」としています。

陸上自衛隊だけが平成一〇年から二五年までという長期間の統計になっていて、最近の増加ぶりがこのデータではわかりません。こうした事実の解明も重要な課題です。

集団的自衛権の行使は自衛隊のストレスを深刻化させる

二〇〇六年、アメリカで「勇者の故郷」という映画が製作されました。イラク戦争の帰還兵の深刻な様相を描いた作品です。日本でも二〇〇八年に「勇者たちの戦場」というタイトルで上映されました。全体一〇七分のうち、イラクでの戦闘場面は二〇分ほど、残りは帰国後の故郷での葛藤を描くことに費やされています。戦死した兵士の葬儀、治療を受ける負傷兵が列を作っている病院のようすがリアルに描かれます。戦場で右手首を失ったシングルマザーの女性兵士、親友が戦死した男性兵士、この二人が映画館で出会い、「薬を替えたら涙もろくて」「（なった）」というセリフのあと、二人が自分の飲んでいる薬の名前を次々にあげます。「あれで私は不安定に（なった）」とお互いに言い合いながら、「ゾロフト、レクサプロ、セレクサ、リスパーダル、リスペリドン、バイコディン、アンビエン」など、いずれも抗うつ剤、向精神薬、睡眠薬などです。「まるでクスリ中毒者の会話ね」と女性兵士が少し自嘲気味に言います。自分に合う薬を見つけるのに苦労し副作用に苦しんだことがうかがえる会話です。

C-130 輸送機

アメリカは、アフガニスタンとイラクの戦場に延べ二三〇万人の兵士を送りました。戦死した兵士は七〇〇〇名を超えます。しかし、帰国後、自殺した兵士は二〇〇五年に退役軍人だけで六二五六人、二〇一二年には現役兵士のみでも実に三四九人となっています。反戦イラク帰還兵の会は二〇一四年一一月一一日、「（過去一二ヶ月の平均で）毎日二二人が自殺している」と発表しました。この他にも戦場で負傷し後遺症を抱えた元兵士、ＰＴＳＤ（外傷後ストレス障害）に苦しむ元兵士は膨大な数に上ります。

自衛官の犠牲者も、インド洋、イラク派兵によってこれまでにない人数になりました。「自衛官のリスク」は、すでに高まっているのです。

安倍内閣は、集団的自衛権の行使に踏み込もうとしています。

それは、自衛隊と自衛官のストレスを、これまで経験の無いレベルまで拡大せずにはおかないでしょう。

アフガニスタンとイラクで米国も有志連合も、平和を作り出すことは出来ませんでした。一部の政治家と一部の防衛省幹部が、自衛隊を軍事作戦に参加させることが「積極的平和主義」であると、いくら主張しようと、アフガニスタンとイラクの占領統治、親米政権の樹立が成功であったと、多くの自衛官を納得させることは出来ません。一人ひとりの自衛官が、自らの任務に納得できず、確信を持てずに戦場で行動する時、その精神的苦痛とストレスは、さらに拡大していくでしょう。

戦闘地域の近傍で自衛隊を活動させるならば、自衛官に戦死者が出る可能性は格段に高くなります。その時、いかにメンタルヘルス対策に力を入れようと、自衛隊と自衛官は、臨床心理学の森茂起さんが指摘する次のような、本質的な矛盾に直面せざるを得ないでしょう。

「戦闘の被害者として兵士の回復を援助する立場と、兵士を戦争の道具として考える立場の間には、どうしても相容れない根本的な溝がある。兵士を戦場に送りだしておきながら、兵士がトラウマを負えば人道的に治療するというのは、考えてみれば倫理的に矛盾をはらんでいる。戦争によるトラウマの深刻さを十分認識し、それを予防しようとすれば、戦争をしないのが一番である。戦争のために『心のケア』を行うという表現に違和感を感ずる理由はそこにある。戦争ができるのは、そこから発生する個々人のトラウマの深刻さを感じないでいられるとき、たとえば愛国心で武装してそれが表面化しないようにできるときである」(『トラウマの発見』)。

安倍内閣はだからこそ、領土問題などでナショナリズムを煽っているのでしょう。

自衛隊はこれまで自らの命にかかわるような戦闘をやったことがありません。戦後七〇年の長きにわたってそうならなかったのは憲法九条とアジア太平洋戦争の体験によるものでしょう。戦争の日本人の犠牲者三一〇万人は、多くの人々の心に戦争の悲惨さを刻み込みました。戦闘で斃れた兵士たち、補給が途絶え餓死していった兵士たち、空襲で家を焼かれ家族を失った人々、戦争に動員され何の護衛もないまま海に沈んでいった六万余の船員たち、そして、アジア太平洋の各地では、「わが軍」(旧日本陸海軍)によって、日本人を数倍する人々が殺されていきました。

この戦争を反省の思いを込めて俯瞰すれば、一九三七年七月七日の盧溝橋事件をもってはじまった中国との全面戦争が泥沼になっていったこと、一端、戦争をはじめてしまえば平和的に解決することは困難だったこと、戦争の拡大は軍部の発言力を増大させたこと等は、保守と革新を問わない歴史体験として戦後に活かされて来たといえないでしょうか。安倍内閣は自民党の先達たちの営為すら、愚かにも捨て去ろうとしています。

戦死者の発生は自衛隊の抱える組織矛盾を一気に爆発させかねません。もちろん、私たちはそれを期待するわけにはいきません。私たちは自衛官が戦死することも、他国の人々を殺害することも望みません。「切れ目のない安保法制の整備」に反対し、自衛官の人権を守る活動を強化していきます。

(木元茂夫)

この子らが成長した時、戦場に送られるようなことがあってはならない。横須賀ヴェルニー公園で。うしろはヘリコプター空母「いずも」。

資料

東京高裁判決要旨

主文

1　本件控訴に基づき、原判決を次のように変更にする。
被控訴人らは控訴人（お母さん）に対し、連帯して五四六一万三二一六円及びこれに対する平成一六年一〇月二七日から支払済みまで年五分の割合による金員を支払え、控訴人（お姉さん）に対し連帯して一八七〇万四四〇六円を支払え。……

2　被控訴人（S元二曹）の付帯控訴をいずれも棄却する。

3　被控訴人国は、控訴人（お母さん）に対し、一〇万円及びこれに対する平成二四年六月二一日から支払済みまで年五分の割合による金員を支払え、控訴人（お姉さん）に対し、一〇万円を支払え。……

編集部注　被控訴人ら　防衛省・海上自衛隊と加害者のS元二曹
平成一六年（二〇〇四年）一〇月二七日　Tさんが自殺に追い込まれた日
平成二四年（二〇一二年）六月二一日　弁護団が「請求の趣旨拡張」を申し立てた日

事由及び理由

第三　当裁判所の判断――Tの自殺に関する損害賠償請求について

1　認定事実

（1）生前のTの状況等

Tは、平成一五年一二月から死亡に至るまで、たちかぜにおいて船務科電測員として勤務していた。船務科電測員は、たちかぜの停泊中は、航海準備として海図の訂正、機器の整備、舷門立直の担当などの業務に従事し、全員が一か所に集合することはなく、各々の持ち場に配置されていた。

停泊中に当直に当る場合、勤務終了後に緊急時に備えて艦内に待機することになるが、一部の例外を除き、待機場所を指定されることはなかった。また、たちかぜの航海中は、電測員は三つのグループに分けられ、約三時間ごとに交替でCIC（艦が保有する各種センサー（探知装置）から得られる様々な情報を一元的に処理し、所要の場所に当該情報を配布する区画であり、護衛艦の指揮中枢である。）で勤務するが、交代後は艦内において特段の制約がない状態となる。

Tは、たちかぜの出入港時に測深儀で海底までの深さを測る業務と、外洋に出てからは水上で見張りを実施する業務等を行っていた。また、当直日誌を記入し、決裁を仰ぐ等の業務も行っていた。Tは、上司からは、業務に対して真面目で、教えられたことはすぐに何でも覚える、積極的であると評価されており、艦内での人間関係も良好であると認識されていた。

たちかぜは、平成一六年八月から同年一〇月までの間、短期間の出航や悪天候による避泊のほかは、修理等の理由で大半の時期は停泊しており、乗員は夜間に外出し、外出先で宿泊することができた。Tは、同年九月一日から一〇月二六日までの間、遅刻や欠勤をすることはなく、同期間の五六日間のうち、三六回外出先で宿泊している。当直回数は一二回であり、そのうち被控訴人Sと同じ日の当直は、同年九月一四日、一〇月四日、同月二四日の三回である。

（2）被控訴人Sの行動等について

被控訴人Sは、平成一六年当時、三四歳であり、たちかぜにおいて船務科電測員として七年以上勤務していたため、階級の上下関係とは別に、いわゆる「主」的な存在となっており、上級者を含め周囲の者は被控訴人Sの行動に対して直ちに口を挟むことが困難であるという雰囲気が醸成されていた。

……被控訴人Sの粗暴な行動は、平成一六年一〇月にもあり、Nは、同月一九日、被控訴人Sから士官便所の掃除の仕方が悪いとの理由により、平手で頬を叩く、マグライトで背中を叩くなどの暴行を受けた。

2　争点（1）（被控訴人Sの責任）について

……しかし、上記認定の被控訴人Sによる暴行の大部分は、エアガンの撃ちつけを含め、被控訴人S二曹の機嫌が悪いときや単にTの反応を見ておもしろがるときなど、業務上の指導という外形もなく行われている上、上記恐喝は、被控訴人Sの職務とは全く無関係に行われたものであることが明らかである。そして、後記のとおり、これらがTの自殺の原因になったものと認められる。……

3　争点（2）（被控訴人国の責任）について

被控訴人国は、被控訴人S二曹のTに対する暴行のうち、業務上の指導と称して行われたものにつき、国賠法一条一項（国又は公共団体の公権力の行使に当る公務員が、その職務を行うについて、故意又は過失によって違法に他人に損害を加えたときは、国又は公共団体が、これを賠償する責に任ずる）に基づく責任を負うほか、被控訴人S二曹の上司職員において、指導監督義務違反があったと認められる場合には、上司職員の職務執行につき違法な行為があったものとして、同項に基づく責任を負う。

イ　O艦長

……O艦長に被控訴人Sに対する直接の指導監督義務違反があったとまでいうことはできない。……

当時のたちかぜの艦内は、自衛艦として一般人からは想定し難いほどに規律が緩んだ状況にあったと言わざるを得ず、これが後記のU第二分隊長らの指導監督義務違反を招く素地となっていた面は否定できない。その意味で、たちかぜ艦内における規律維持の最高責任者の立場であったO艦長について、その責任を問うとの主張も理解できないわけではない。

……いかなる場面で、いかなる措置をとるべきであったかを明らかにすべきところ、この具体的な主張、立証はない。指導監督義務違反に関する控訴人らの主張は採用できない。

ウ　第二分隊分隊長の責任

U分隊長は、平成一六年五月中旬頃、Tに対する面接において、被控訴人Sからたまにふざけてガスガンで撃たれることがある旨の申告を受けたが、これに対して何らの措置も講じず、上司に報告等もしなかった。

U分隊長は、その職責に照らし、被控訴人S二曹の性行を把握するため、直ちにエアガン等の使用の実態等について調査して、自ら同人に対し、持ち込みを禁止されている私物のエアガン等を取り上げ、また、エアガン等で人を撃つなどの暴行をしないように指導・教育を行ったり、又は上司に報告して指示を仰ぐ等するべきであった。……

入隊後一年に満たず二一歳になったばかりのTが、上司である分隊長に対し、一〇歳以上年上の先輩である被控訴人S二曹の非違行為に該当する可能性のある行為を申告することは、それなりの決意があってのこととみるべきであるから、仮に、U分隊長が被控訴人国の主張のように思ったとすれば、そのこと自体が、艦内での暴行についての同人の甘い認識を示すものと言わざるを得ない。

エ　S先任海曹

S先任海曹は、平成一六年四月頃、被控訴人Sがたちかぜ艦内に私物のエアガン等を持ち込んでいることを認識していたのであるから、その職責に照らし、艦内の規律を乱すものであるとして被控訴人Sのエアガン等を取り上げるか、少なくともエアガン等を持ち帰るよう指導すべきであったのに、何らの措置も講じなかった。……

オ　M班長

M班長は、平成一六年九月頃までに、被控訴人SがTらに対しエアガン等による暴行を行っていたことを知っていたのであるから、その職責に照らし、被控訴人Sに直接指導したり、又は上司に報告して指示を仰いだりすべきであったのに、何らの措置を講じることもなく、上司に報告等も行っていなかった。この点証人Mは、お互いわらっていたので遊んでいたのかと思った旨、証言するが、そもそも艦内に私物のエアガン等を持ち込んで遊ぶという行為が規律違反であることは明らかであり、仮にM班長の証言するような状況があったとしてもこれを放置することは許されないというべきである。

4　争点（3）（因果関係）について

（1）Tの自殺の原因

Tが自殺時に所持していたノートには、遺書というべき記載が残されていたのであり、その内容は、Tの自殺原因を解明する上で重要な事情と考えられるところ、同人への激しい憎悪を示す言葉が書き連ねていたことから被控訴人Sから暴行および恐喝を受け、それが今後も続くと考えられたことがTの自殺の最大の原因となったことは優に推認することができる。……

被控訴人国は、Tが自殺をするまで、欠勤、遅刻などをしなかったこと、被控訴人S二曹の行為を逃れるために自衛隊を退職することは容易であったのに退職を申し出ていないことなども指摘しているが、前記のとおり、父の勧めにより、将来の希望をもって自衛官となったTにとって、被控訴人S二曹の行為を逃れるために退職を決意することに困難を伴うことは容易に推認でき、また、自殺者がしばしば視野狭窄的な状態に追い込まれ、事後的に振り返って必ずしも合理的かつ説明可能な行動をとるとは限らないこともよく知られた事実である……

確かに、被控訴人S二曹の暴行等は、T一人に向けられたものではなく、K（同僚の隊員）など、被控訴人S二曹からより激しい暴行を受けた者がいながら、これらの者が自殺していないことは事実であるが、被控訴人S二曹の暴行等は、「多数の者に対して行われたとはいえ、KとTを含む第二分隊の第二三班所属のものに集中していた上、個人が有する性格、心的傾向などは様々なものがあり、ある体験をした者が必ず一つの心的反応を示すとはいえないことは周知の事実であるから、このことをもって被控訴人S二曹の行為がTの自殺の原因となっていることを否定することはできない。……

Tは、同月（一〇月）一日に被控訴人S二曹がエアガン等を持ち帰るよう指導されたことを（同僚の）NやKに話しており、被控訴人S二曹の暴行が行われなくなるものと期待したことがうかがわれる。そうであるにもかかわらず、被控訴人S二曹は、その後もエアガン等を所持し、従前と変わらない粗暴な行為を繰り返したほか、同月二四日に実施したサバイバルゲームにTを参加させたことからすると、Tがその頃感じたであろう失望、嫌悪感は、非常に大きかったものと推察される。

……被控訴人Sによる暴行及び恐喝、さらには児戯に属するというべきサバイバルゲームへの参加強制が、単にそのこと自体による苦痛にとどまらず、自衛隊に対する幻滅感、自己の将来に対する失望感をあたえるものとなり、これがあいまってTの自殺の原因となったことは十分に推認が可能である。

第二分隊第二三班の隊員が、Tが挨拶をしなくなり、自殺するかもしれないと感じていたとの記載は、同一人からの聴取内容の一部について『疑問あり』との記載が加えられながら、上記記載部分については特にこれを疑問とする記載がないこと、第一分隊の分隊長であるI砲雷長も、同月二六日にTに元気がないと感じ、その時点でM班長にこれを告げていることに照らすと、上記記載内容を単に回顧的な所感に過ぎないなどとみることはできない。

……したがって、被控訴人国の上記主張は採用することができず、前記事実関係の下において、被控訴人S二曹及び上司職員らは、Tの自殺を予見することが可能であったと認めるのが相当である。

第四　当裁判所の判断――当審において追加された請求について

同年（二〇〇五年――提訴の一年前、ご両親が防衛庁に情報公開請求した年）四月二五日に『海幕服務室から資料請求あり送付する、アンケート様式、答申書・供述調書』と記載されていることからすると、その頃、同監察官は、監察官ファイルを確認し、そこに綴られていた本件アンケートの存在を認識していたものと推認するのが相当である。

そうすると、横須賀地方総監部監察官が本件アンケートを保管していながら、本件開示請求文書の特定の手続きにおいて、これを特定せずに隠匿した行為は、違法というべきである。……

被控訴人国は、本件開示請求を受けて本件アンケート及び乙四三号証メモを開示しなかったことにつき、（お父さん）に生じた損害を賠償すべき責任を負うところ、これらの文書はTの自殺についての予見可能性の判断に影響を及ぼす重要な証拠の一部であったこと、当審においてこれらの文章が書証として提出され、これらを踏まえて前記の事実認定が行われ、遅延損害金を含む請求の相当部分が認容されるに至ったこと、その他本件に表れた一切の事情を考慮すれば、これにより（お父さん）が受けた精神的苦痛に対する慰謝料としては、二〇万円をもって相当と認める。

たちかぜ編成表

艦長
副長

砲雷科	船務科	航海科	機関科	補給科	衛生科

第1分隊	第2分隊	第3分隊	第4分隊
分隊長（砲雷長）	分隊長（航海長）	分隊長（機関長）	分隊長（補給長）
分隊士	分隊士（船務士）	分隊士	分隊士
分隊先任海曹	分隊先任海曹（電測員長）	分隊先任海曹	分隊先任海曹

11班～17班	22班（電測員）	23班（通信員、電子整備員）	21班（航海員）	31班～35班	41班
班長	班長（1曹）	班長（1曹）	班長（2曹）	班長	班長
	1曹	1曹	2曹		
	2曹	2曹	3曹		
	2曹	2曹	3曹		
	2曹	2曹	士長		
	2曹	3曹	士長		
	3曹	3曹	士長		
	3曹	3曹	1士		
	3曹	3曹	2士		
	士長	士長			
	士長	士長			
	士長	士長			
	1士	士長			
	1士	2士			
	2士				

海上幕僚監部組織表

海上幕僚長

海上幕僚副長	統括副監察官

法務室	会計監査室	衛生企画室

総務部		人事教育部					技術部
総務課	経理課	人事計画課	補任課	厚生課	援護業務課	教育課	技術課
総務班	経理班	企画班	補任班	厚生班	援護企画班	教育班	技術班
文書班	予算班	要員班	経歴班	家族支援班	援護班	学校班	艦船技術班
能率管理班	主計班	制度班	職員人事管理室	共済班		航空教育班	艦船武器技術班
渉外班	契約班	募集班	服務室	給与室		個人訓練班	航空機技術班
広報室	出納班					教範教材班	航空武器技術班
情報公開・個人情報保護室							指揮通信技術班

防衛部				指揮通信情報部		装備部		
防衛課	装備体系課	運用支援課	施設課	指揮通信課	情報課	装備需品課	艦船・武器課	航空機課
防衛班	装備体系班	企画班	施設班	指揮通信班	情報運用室	装備需品班	艦船・武器班	航空機班
業務計画班	艦船体系班	訓練班	施設基準班	指揮通信体系班	情報保全室	調達管理班	予量班	機体班
編成班	航空機体系班	気象海洋班	営繕班	情報保証班		後方計画班	船体班	機器班
分析室	研究班	南極観測支援班	基地対策班			資材班	機関班	航空武器班
		部隊状況班	環境保全班			燃料班	電気班	航空電子班
						衣糧班	誘導武器班	戦術支援器材班
						補給管理室	水中武器班	
						輸送調整室	弾薬班	
							通信電子班	
							訓練器材班	
							艦船計画室	

自衛隊員の自殺者数の推移

年度		陸自	海自	空自	事務官	合計	関連事項
1994	H6	38	6	9	8	61	陸自をモザンビークに派遣（1993 ～ 95）
1995	H7	27	13	4	5	49	阪神淡路大震災。地下鉄サリン事件。村山首相「戦後 50 年談話」。
1996	H8	26	17	9	5	57	日米安保共同宣言。陸自をゴラン高原に派遣（～2013 年）。
1997	H9	44	11	6	5	66	日米防衛協力の指針（1997 年ガイドライン）。
1998	H10	46	17	12	4	79	北朝鮮、三陸沖にテポドンを試射。自衛隊をハリケーン被害のホンジュラスに。
1999	H11	36	17	9	3	65	周辺事態法成立、能登半島不審船事件。地震被害のトルコに海自が物資輸送。
2000	H12	43	16	14	8	81	周辺事態に際して実施する船舶検査活動に関する法律成立。
2001	H13	44	8	7	5	64	テロ対策特措法成立。海自補給艦、護衛艦のインド洋派兵開始（～ 2010 年）。
2002	H14	50	15	13	7	85	自衛隊を国連東ティモール暫定機構に派遣（～2004 年）。
2003	H15	48	17	10	6	81	武力攻撃事態法成立。PKF 凍結解除。イラク特措法成立。陸自をイラクに派兵。
2004	H16	64	16	14	6	100	武力攻撃事態における国民保護法成立。自衛隊を地震被害のインドネシアに。
2005	H17	64	15	14	8	101	自衛隊を地震被害のパキスタン（陸・空）、インドネシア（陸・海・空）に派遣。
2006	H18	65	19	9	8	101	陸自、イラクから撤退。北朝鮮が地下核実験を実施。
2007	H19	48	23	12	6	89	防衛庁、防衛省に移行（1 月 9 日）。日豪安保共同宣言。
2008	H20	51	16	9	7	83	イージス艦「あたご」、千葉県沖で漁船・清徳丸と衝突。空自、イラクから撤退。
2009	H21	53	15	12	6	86	海賊対処法成立。自衛隊のソマリア沖派遣はじまる。「自衛隊情報保全隊」発足。
2010	H22	55	10	12	6	83	日豪物品役務相互提供協定締結。自衛隊を地震被害のハイチに派遣。
2011	H23	49	14	15	8	86	東日本大震災で自衛隊 10 万人出動。ジブチで自衛隊初の活動拠点運用開始。
2012	H24	52	7	20	4	83	自衛隊の南スーダン派遣はじまる。野田内閣、尖閣諸島を国有化。
2013	H25	47	16	13	6	82	中国海軍の軍艦が、海自に火器管制レーダー照射。特定秘密保護法成立。
2014	H26	43	12	11	3	69	中国、防空識別圏を拡大。安倍内閣、「集団的自衛権限定容認」の閣議決定。
合計		993	300	234	124	1,651	

（防衛省発表資料）

たちかぜ裁判と、その他の自衛官人権訴訟（主な経過／年表）

自衛官人権裁判に関わる動き等	
1998年度	自衛隊員の自殺者七九人（過去最高）
1999・11・8	海上自衛隊三等海曹が護衛艦「さわぎり」の艦内で自殺
2000・7・14	「自衛隊員のメンタルヘルスに関する検討会」が初会合
2000・5～7	3月に設立されたばかりの西部方面普通科連隊で中堅隊員三人が相次いで自殺
2001・6・7	「さわぎり」事件―自殺はイジメが原因として、長崎地裁佐世保支部に提訴
2003・7・15	防衛庁自殺事故防止対策本部設置（本部長防衛政務官）
2004・3・30	自衛隊岐阜病院精神保健部『管理者にも使えるメンタルヘルスハンドブック』発行
2004・10	海上自衛隊警務隊、『防犯資料――私的制裁の未然防止について』発行
2005・11・13	航空自衛隊浜松基地所属の三等空曹が自殺

「たちかぜ」裁判に関わる動き	
2003・8・21	Tさん、海上自衛隊に入隊
2003・12・18	Tさん、一等海士として護衛艦「たちかぜ」に配属
2004・10・27	Tさん、自殺に追い込まれる
2004・10・28	海上自衛隊・横須賀警務隊、Tさんの上司、同僚からの事情聴取を開始
2004・11・28	海上自衛隊・横須賀警務隊、「たちかぜ」乗組員S二等海曹を恐喝容疑で逮捕
2005・1・19	S二等海曹、前出刑事事件で懲役二年六ヶ月（執行猶予四年）の判決
2005・1・27	海上自衛隊・横須賀地方総監部「一般事故調査結果――護衛艦たちかぜの服務事故」を作成
2005・4・14	Tさんのご両親、防衛庁（現防衛省）に調査結果などを情報公開請求
2005・8・24	防衛省、文書開示するも、大半が墨塗り

2006・4・5	ご両親、横浜地方裁判所に提訴
2006・5・29	原告（ご両親）、弁護団、横浜地裁に文書提出命令を申し立て
2006・5・31	第1回口頭弁論（原告意見陳述）
2007・4・25	第6回口頭弁論
2007・9・21	横浜地裁、被告・国に対し文書提出命令（原告、被告も即時抗告）
2007・10・24	第10回口頭弁論
2007・12・17	弁護団、東京高裁に文書提出命令を求める補充書面提出
2008・2・19	東京高裁、国に文書提出命令
2009・3・3	原告（お父さん）逝去（お姉さんが原告に）
2009・5・27	第18回口頭弁論（証人尋問―元先任海曹C氏＝Tさんの元上官）
2009・7・8	第19回口頭弁論（証人尋問―N・J・K氏＝Tさんの元同僚／I砲雷長＝元上官）
2009・9・9	第20回口頭弁論（証人尋問―S元二等海曹／原告＝Tさんの母親）
2010・3・4	札幌地裁小樽支部で、元「たちかぜ」艦長O氏の証人尋問

2006・7・4	クウェートに派遣された航空自衛隊三等空曹、米軍バスにはねられ大けが
2006・11・21	札幌市の真駒内駐屯地で徒手格闘訓練中に一等陸士が死亡
2007・5・8	北海道の航空自衛隊所属女性自衛官がセクシュアルハラスメントで札幌地裁に提訴
2007・11・19	陸上自衛隊朝霞駐屯地、除隊を希望していた隊員が自殺
2008・4・14	前出「浜松基地事件」で自殺した三等空曹の遺族が静岡地裁浜松支部に提訴
2008・6・12	陸自第三七普通科連隊（大阪府和泉市）所属隊員が教官から暴行受ける
2008・7・6	護衛艦「さわゆき」放火事件
2008・8・25	「さわぎり」裁判―控訴審（福岡高裁）で全面勝訴
2008・9・9	海自第一術科学校（広島県江田島）での格闘訓練で隊員一人が死亡
2009・8	前出「第三七普通科連隊事件」で視力低下は違法な公権力の行使が原因とし提訴
2010・3・5	前出「江田島事件」の両親、松山地裁に提訴

2010・8・4	第23回口頭弁論（最終意見陳述―結審）
2011・1・26	イジメと自殺の因果関係ありとするも、予見できずとの不当判決
2011・1・26	元国側指定代理人A三等海佐、上司に隠した証拠を開示するよう進言
2011・2・4	原告、東京高裁に控訴
2011・10・5	控訴審第1回口頭弁論
2012・4・18	控訴審第5回口頭弁論（現職のA三等海佐が内部告発の陳述書を提出）
2012・6・18	控訴審第6回口頭弁論
2012・6・21	海上自衛隊幕僚監部が謝罪、「艦内生活実態アンケート」の存在を認める
2012・7・6	海上自衛隊が証拠一四点を東京高裁に提出
2012・9・12	控訴審第7回口頭弁論（海上自衛隊が証拠一九五点を提出）
2013・2・4	控訴審第9回口頭弁論（原告、弁護団が証人尋問を申請）
2013・3・25	控訴審第10回口頭弁論（原告・弁護団に被告提出証拠の墨塗り開示求める）

2010・7	前出「朝霞駐屯地事件」でご両親が前橋地裁に提訴
2010・7・29	前出「北海道セクシュアルハラスメント」裁判で原告勝訴。国は控訴を断念（確定）
2010・8・3	前出「真駒内駐屯地事件」で、札幌地方裁判所に提訴（「命の雫」裁判）
2010・10・28	陸上自衛隊反町駐屯地での過労死事件、原告勝訴（仙台高裁）
2011・3・22	航空自衛隊小松基地暴行負傷事件で　和解、賠償（静岡地裁浜松支部）
2011・5・23	前出「第三七普通科連隊事件」、国が四八〇〇万円を支払うことで和解
2011・7・11	浜松航空自衛隊人権裁判で勝訴（イジメと自殺の因果関係を全面的に認める）
2011・8・25	陸上自衛隊東北通信隊イジメ自殺事件で和解、賠償（仙台地裁）
2012・3・19	前出「江田島事件」和解・賠償支払い
2012・9・26	前出「クウェート事件」で元三等空曹、損害賠償を求めて、名古屋地裁に提訴
2013・3・31	札幌地裁で「命の雫」裁判判決、原告勝訴（確定）

2013・4・6	東京高裁（鈴木健太裁判長）、防衛省・自衛隊に文書提示命令		
2013・10・21	内閣府情報公開・個人情報保護審査会が答申—「たちかぜ」関係の情報公開について、防衛省には「組織全体として不都合な事実を隠ぺいしようとする傾向があった」と指摘		
2013・10・21	控訴審第14回口頭弁論（証人採否、尋問期日を決める）	2013・10・16	前出「朝霞駐屯地事件」、前橋地裁で実質敗訴の不当判決（自殺との因果関係認めず）
2013・12・11	控訴審第15回口頭弁論（A三等海佐の証人尋問）		
2013・12・16	控訴審第16回口頭弁論（N元二等海佐・D事務官の証人尋問）		
2014・1・27	控訴審第17回口頭弁論（最終陳述、結審）		
2014・4・23	控訴審判決（全面勝訴、自殺とイジメとの相当因果関係、自衛隊の証拠隠しを認める）		
2014・5・7	原告、被告とも上告せず、控訴審判決が確定		
2014・5・13	河野克俊海上幕僚長が記者会見、遺族に謝罪、A三等海佐も処分せずと表明		
2014・5・25	河野克俊海上幕僚長がTさんの実家を訪れ、原告（お母さん）に謝罪	2014・5・23	海自潜水医学実験隊のプールで訓練中に一名が死亡、もう一名が重体となる事故発生
2014・7・12	「たちかぜ」裁判勝利報告集会	2014・8・7	防衛大学校二年生が嫌がらせ、暴行を加えた上級生らを横浜地検に告訴
		2014・8・13	陸自高等工科学校でイジメを受け退学に追い込まれた少年が名古屋地裁岡崎支部に損害賠償訴訟を提訴
		2014・9・1	海自横須賀地方総監部が護衛艦乗組員の一等海曹が上司からイジメ、暴行を受けたことを苦に同年自殺したと公表。海上幕僚長が謝罪
		2014・12・9	前出「朝霞駐屯地事件」、東京高裁で勝利的和解成立
		2015・6・10	横須賀の護衛艦で起きたパワハラ自殺事件で横浜簡裁が加害者の一等海曹に罰金八〇万円の略式命令

準備中です‼「自衛官のいのちを守る家族の会」

護衛艦「さわぎり」国賠事件　元原告　樋口のり子

皆様のご支援で勝訴判決を頂いて以降、浜松、札幌、横浜と次々に勝訴判決を勝ち取られ、裁判は連戦連勝です。これ自体誇らしい成果なのですが、何と言っても事件が起きないようにすることが大切です。そのような思いで、私、そして横浜と浜松の各々元原告が呼び掛け人となって、「自衛官の命を守る家族の会」を立ち上げました。

会の目的は、①まずは自衛隊の中で今現在いじめなどで苦しんでいる隊員の相談に乗ること（まずはお話を聞くこと）、②相談に乗った上で必要があれば弁護士等の専門家につなぐこと、③場合によっては直接該当する部隊に申し入れをする等の応援ができればと考えています。

と言いましても、全国的な取り組みにするには、各地域で核になって頂く人を集めなければなりませんし、相談員を要請することも必要です。また、全国的な情報交換をするためには、ある程度の資金も必要です。

というわけで本格始動（正式な設立）はもう少し先ですが、とりあえずできるところから始めようと考え、私達三人が共同代表、サポーターの窓口を鈴井孝雄さん、相談対応弁護士の窓口を西田隆二弁護士にして頂きながら、少しずつ相談に乗っています。

この一年間だけでも一〇件近い相談があり、私も東京や北九州に出向いたりして、及ばずながら相談に乗っています。中には、照屋寛徳代議士に国会で取り上げて頂いたり、刑事告訴や民事裁判の準備を始めている方もいます。

今後、さしあたり九州、神奈川、栃木、北海道を中心に事務局を置くことを目標にし、相談員・サポーターを募集しながら、地道に取り組みを広めていきたいと思いますので、皆さん、御協力の程、よろしくお願いします。

なお、人手の関係で、当分の間、入会申込みはFAXでお願いすることとし、下記番号に御願いします。また、会費や募金を下記口座に振り込んで頂く形にさせて頂きますので、よろしくお願いします。

記

入会申込み　西田・山田法律事務所（0985―29―5811）

振込口座　宮崎銀行　県庁支店　普通口座　100149

自衛官の命を守る家族の会

事務局　西田隆二

■「たちかぜ」裁判を支える会

連絡先：横須賀市米が浜通 1-18-15 オーシャンビル 3F
「じん肺アスベスト被災者救済基金」内
tel./fax.046-827-8570

息子の生きた証しを求めて—護衛艦「たちかぜ」裁判の記録

2015 年 7 月 15 日　初版第 1 刷発行

編　者＊「たちかぜ」裁判を支える会
装　幀＊新倉裕史
発行人＊松田健二
発行所＊株式会社社会評論社
東京都文京区本郷 2-3-10　tel.03-3814-3861/fax.03-3818-2808
http://www.shahyo.com/
印刷・製本＊倉敷印刷株式会社

Printed in Japan